E. Martinelli (Ed.)

Classi caratteristiche e questioni connesse

Lectures given at a Summer School of the
Centro Internazionale Matematico Estivo (C.I.M.E.),
held in L´Aquila, Italy,
September 2-10, 1966

Springer

FONDAZIONE
CIME
ROBERTO CONTI

C.I.M.E. Foundation
c/o Dipartimento di Matematica "U. Dini"
Viale margagni n. 67/a
50134 Firenze
Italy
cime@math.unifi.it

ISBN 978-3-642-11047-4 e-ISBN: 978-3-642-11048-1
DOI:10.1007/978-3-642-11048-1
Springer Heidelberg Dordrecht London New York

Reprint of the 1st.ed. C.I.M.E., Ed. Cremonese, Roma 1967
With kind permission of C.I.M.E.

Printed on acid-free paper

Springer.com

CENTRO INTERNAZIONALE MATEMATICO ESTIVO

(C.I.M.E.)

3° Ciclo - L'Aquila dal 2 al 10 settembre 1966

"CLASSI CARATTERISTICHE E QUESTIONI CONNESSE"

Coordinatore: E. MARTINELLI

CENTRO INTERNAZIONALE MATEMATICO ESTIVO

(C. I. M. E.)

I. BUÇUR

L'ANNEAU DE CHOW D'UNE VARIETE ALGEBRIQUE

Corso tenuto all'Aquila dal 2 al 10 settembre 1966

L'ANNEAU DE CHOW D'UNE VARIETE ALGEBRIQUE

par

I. Bucur (Università di Bucarest)

<u>Introduction.</u> Le problème centrale de la théorie des classes caractéristiques peut être presenté, en utilisant le laongage de la théorie des cathéorie et foncteurs de la manière suivante :

Soient C_1, C_2 deux categories et $F_1 ; F_2 : C_1 \rightarrow C_2$ deux foncteurs contravariants. Determiner tous les morphismes fonctionnels de F_1 en F_2.

Rappellons qu'on a donné un morphisme fonctoriel $\varphi : F_1 \rightarrow F_2$ de F_1 èn F_2 si l'on a donné pour chaque $A \in \mathcal{O}b\ (C_1)$ un morphisme $\varphi(A) : F_1(A) \rightarrow F_2(A)$ de la catégorie C_2 tel que la condition suivante soit remplie :

$A \xrightarrow{u} B$ étant un morphisme dans C_1, le diagramme suivante est commutatif :

$$\begin{array}{ccc} F_1(A) & \xrightarrow{\varphi_1(A)} & F_2(A) \\ \uparrow & & \uparrow \\ F_1(u) & & F_2(u) \\ & & \\ F_1(B) & \xrightarrow[\ _1(B)]{} & F_2(B) \end{array}$$

Si par hasard $C_2 =$ Ens et $F_1 = h_A$, où on a designé par h_A le foncteur contravariant $h_A : \mathcal{C}_1 \rightarrow$ Ens défini par $h_A(X) = {}$ $= \mathrm{Hom}_{\mathcal{C}_1}(X, A)$, alors il est facile à démontrer que l'ensemble des morphismes fonctoriel de h_A dans F_2 est en correspondance bijective avec l'ensemble $F_2(A)$. Dans le cas topologique (ou differentiel) les categories C_1, C_2 et le foncteurs F_1, F_2 sont definis comme suit :

C_1 est une catégorie raisonnable d'espace topologiques (par exemple les polyèdres finis) les morphismes d'un tel espace X dans un autre Y étant l'énsemble des classes d'homotopie d'applications continues definies sur X à valeurs dans Y .

C_2 est la categorie des monoides commutatifs avec des éléments unité, les morphismes etant les homomorphismes de monoides.

F_1 sera le foncteur qui associe à chaque espace X l'énsemble $F_1(X)$ de tous les fibrés vectoriels (reéls on complexes suivant le cas) de n'importe quel rang et dont la base est X . Bien - entendu on identifie deux espaces fibrés s'ils sont isomorphes. La somme de Whitney permet de munir $F_1(X)$ d'une structure de monoïde. Si $f: X \longrightarrow Y$ est une application continue alors $F_1(\dot{f})$ ($\dot{f}$ = la classe d'homotopie de f) sera déduit de l'application qui associe à chaque espace fibré vectoriel ξ de base Y l'espace fibré vectoriel $f^{-1}(\xi)$ l'image inverse de ξ par f .

$F_2(X)$ est le foncteur contravariant qui associe à chaque espace topologique X le monoide multiplicatif des éléments de la forme

$$1 + a_1 + a_2 + \dots \quad , \quad a_i \in H^i(X)$$

la multiplication étant celle de l'anneau de cohomologie.

$$\text{Si} \quad f: X \longrightarrow Y \ , \ \text{alors} \quad F_2(\dot{f})(1 + b_1 + b_2 + \dots) = 1 + f^*(b_1) + \\ + f^*(b_2) + \dots$$

Dans ce cas, un morphisme fonctoriel $w : F_1 \longrightarrow F_2$ est donné si l'on se donne pour chaque espace X de la categorie C_1 un homomorphisme de monoides

$$(1) \qquad W_x : F_1(X) \longrightarrow F_2(X)$$

tel que pour chaque application continue $f: X \longrightarrow Y$ le diagramme suivant est commutatif :

$$(2) \qquad \begin{array}{ccc} F_1(x & \xrightarrow{\;W_x\;} & F_2(x) \\ {\scriptstyle F_1(j)}\uparrow & & \uparrow{\scriptstyle F_2(j)} \\ F_1(y) & \xrightarrow[\;W_y\;]{} & F_2(y) \end{array}$$

Mais le fait que w_x est un homomorphisme de monoides signifie que nous avons la relation :

$$W_x(\xi \oplus \eta) = W_x(\xi)\, W_x(\eta)$$

qui n'est pas autre chose que la condition de dualité .

La commutativité du diagramme (2) nous dit que si η est un espace vectoriel sur y alors on a :

$$W_x(f^{-1}(\eta)) = f^{*}(W_y(\eta))$$

c'est - à dire la condition de fonctionalité .

Nous sommes interésés à instituer une théorie des classes caracteristiques pour les cas de varietés algebriques sur un corps quelconque . Il faut donc avoir tout d'abord les catégories C_1, C_2 et les foncteur F_1, F_2 dans ce cas . En ce qui concerne les catégories C_1, C_2 et le foncteur F_1 il n'existe pas des problemes serieux . En effet :

C_1 sera une catégorie algebriques , satisfaisant à certaines conditions de regularités, les morphismes etant des morphismes regulièrs partout definis .

C_2 sera la catégorie des monoides commutatifs à element unité

F_1 sera le foncteur qui associe a chaque varieté algebrique X l'ensemble des classes d'espaces fibrés vectoriels de n'importe quel rang dont la base est X .

Il nous reste à definir F_2 , en fait à definir l'anneau de cohomologie d'une varieté algebrique quelconque . Les travaux recents, liés en special avec le théoreme de Riemann-Roch ont indiqué deux candidats raisonables pour F_2 : l'anneaux de cohomologie etale au sens de Grothendick et l'anneau de Chow d'une varieté algébrique . Je me propose de donner la construction de l'anneau de Chow (sous la forme de Grothendick) d'une variété algebrique. Cette construction s'inspire de la théorie des foncteurs cohomologiques generalisés exposée par Monsieur Eckmann . Elle utilise les éléments de la theorie de groupe de Gorthendick d'une catégorie abelienne que nous exposerons tout-de suite . L'anneau de Chow une fois construit, la definition des classes caracteristiques (les classes de Chern) est tout-à -fait semblable avec le cas complexe sous la forme qui a été indiqué par Monsieur Van de Ven.

1. Elements de K-théorie pour les catégories abeliennes.

Soit C une catégorie abelienne et soit D une sous-catégorie pleine de C . On dit qu'une fonction $f : \mathcal{O}b\, D \longrightarrow G$ dans un groupe abelien G est additive si pour toute suite exacte de C

$$0 \longrightarrow E' \longrightarrow E \longrightarrow E'' \longrightarrow 0$$

telles que E', E", E $\in \mathcal{O}b$ D on a

$$f(E) = f(E') + f(E'') .$$

Soit f un fonction additive de D dans un groupe abelien G Les proprietés suivantes sont des consequences faciles de la definition :

α) $\qquad f(0) = 0$

β) $\qquad f(X) = f(Y)$ si X et Y sont isomorphes .

γ) $f(X \oplus Y) = f(X) + f(Y)$

δ) Soit $E = (E^i, d^i)$ un complexe fini de D tel que les objets $B^{i+1} = \operatorname{Im} d^i$, $Z^i = \ker d^i$, $H^i = Z^i / H^i$ sont dans D.

Alors on a $\sum_i (-1)^i f(E^i) = \sum_i (-1)^i f(H^i(E))$.

ε) Si $F \in \mathcal{O}b\, D$ a une filtration finie

$$0 = F_o < F_1 < \ldots < F_n = F$$

et si l'on suppose que pour $o < i \leq n$ F_i et $F_i/_{F_{i-1}} \in \mathcal{O}b(D)$ alors $f(F) = \sum_{i=1}^{n} f(F_i/_{F_{i-1}})$

φ) Si D est stable par les sommes directes infinies alors $f = 0$.

Pour demontrer δ) on utilise les suites exactes :

$$0 \longrightarrow Z^i \longrightarrow E^i \longrightarrow \beta^{i+1} \longrightarrow 0$$

$$0 \longrightarrow \beta^i \longrightarrow Z^i \longrightarrow H^i(E) \longrightarrow 0$$

Demonstration de ε): se fait par récurrence sur n en utilisant la suite exacte

$$0 \longrightarrow F_{n-1} \longrightarrow F \longrightarrow F/_{F_{n-1}} \longrightarrow 0$$

Pour demontrer φ) soient $E \in \mathcal{O}b\, D$ et $F = \oplus E_n$, $E_n = E$, $n \in Z^+$.

Alors $E \oplus F \approx F$ et an appliquant γ) on a $f(F) =$ $= f(F) + f(E)$ donc $f(E) = o$.

Si l'on considère pour tout groupe abelien G le groupe abelien $A_D(G)$ des fonctions additives de D dans G , on obtient de manière évidente un foncteur covariant $A_D : Ab \longrightarrow Ab$. Le foncteur A_D est representable. Un couple de représentation $(K_D(C), \varphi)$ peut être obtenu de la manière suivante.

Designant par L le groupe abelien libre endendré par les objets de D, soit R le sous-groupe de L engendré par les éléments de la forme E- E' - E" pour chaque suite exacte

$$0 \longrightarrow E' \longrightarrow E \longrightarrow E'' \longrightarrow 0$$

de C. (E', E, E"$\in \mathcal{O}b\,\mathcal{D}$) . On pose $K_D(C) = L/_R$ et φ s'obtient en composant les applications cannoniques :

$$\mathcal{O}b\, D \longrightarrow L \longrightarrow L/_R$$

Le groupe $K_D(C)$ s'appelle le groupe de Grothendick de la sous- categorie D . Il en r esulte donc que φ est une fonction additive de D à valeurs dans $K_D(C)$ et chaque fonction additive de D se factorise de manière unique à travers φ :

$$\begin{array}{ccc} \mathcal{O}b\, D & & \\ \varphi \downarrow & \searrow^{f} & \\ K_D(C) & \longrightarrow & G \end{array}$$

Quand il n'y aura aucun danger de confusion on peut abreger la notation $K_D(C) = K(D)$.

Exemple . Soit C la catégorie des espace vectoriels sur un corps k de dimensions finies . Alors $K(C) = Z$.

2. Eléments de la K-théorie pour les catégorie triangulées .

Soient C une catégorie additive et $T : C \longrightarrow C$ un automorphisme additif de C . Une suite de la forme

$$X \xrightarrow{u} Y \xrightarrow{v} Z \xrightarrow{w} T(X)$$

sera appellée un triangle de la categorie C et sera designée par (X, Y, Z, u, v, w) . Deux triangles de C etant donnés (X, Y, Z, u, v, w) , (X', Y', Z', u', v', w') , un morphisme du prémièer riangle dans le second sera par definition un un triple de morphismes $X \xrightarrow{f} X'$, $Y \xrightarrow{g} Y'$, $Z \xrightarrow{h} Z'$ tel que le diagramme suivant soit commutatif :

$$\begin{array}{ccccccc} X & \xrightarrow{u} & Y & \xrightarrow{v} & Z & \xrightarrow{w} & T(X) \\ f \downarrow & & g \downarrow & & h \downarrow & & \downarrow T(f) \\ X' & \xrightarrow[u']{} & Y' & \xrightarrow[v']{} & Z' & \xrightarrow[w']{} & T(X') \end{array}$$

On appelle catégorie triangulée une catégorie additive munie d'un automorphisme additif T et d'une fammille de triangles qu'on appelle la famille des triangles distingués tel que les axiomes suivants soient verifiés :

a) Tout triangle isomorphe à un triangle distingué est distingué . Tout morphisme $u : X \longrightarrow Y$ est contenu dans un triangle distingué (X, Y, Z, u, v, w) . Le triangle $(X, X, 0, 1_X, 0, 0)$ est distingué

b) (X, Y, Z, u, v, w) distingué $\Longleftrightarrow$ (Y, Z, T (X) , v, w, - T(u') est distingué .

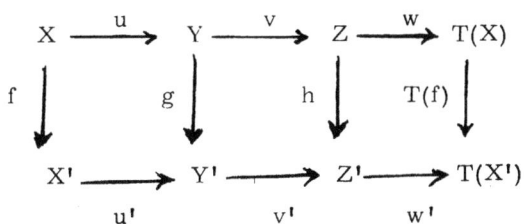

c) Si (X, Y, Z, u, v, w) , (X', Y', Z', u', v', w') sont deux triangles distingués et $f : X \longrightarrow X'$, $g : Y \longrightarrow Y'$ sont tels que le diagramme

$$\begin{array}{ccc} X & \xrightarrow{u} & Y \\ f \downarrow & & \downarrow g \\ X' & \xrightarrow[u']{} & Y' \end{array}$$

est commutatif alors il existe un morphisme $h : Z \longrightarrow Z'$ tel que (f, g, h) est un morphisme de triangle.
Un triangle distingué sera designé d'habitude par

$$\begin{array}{ccccc} & & Z & & \\ & {}^{w}\swarrow & & \nwarrow^{v} & \\ X & & \xrightarrow[u]{} & & Y \end{array}$$

§ 3. <u>Exemple de catégorie triangulée : la catégorie derivée d'une catégorie abelienne.</u>

Soit A une catégorie abelienne et C(A) la catégorie definie de la manière suivante :

$$\mathcal{O}b(C(A)) = \{ X^{\bullet} = (X^i, d^i_X) \mid X^i \in \mathcal{O}b(A), \ d^{i+1}_X d^i_X = 0$$

$\mathrm{Hom}_{C(A)}(X^{\cdot}, Y^{\cdot}) = \{$ classes d'homotopie des morphismes de $X^{\bullet}$ dans $Y^{\bullet}$

Un $f \in \mathrm{Hom}_{C(A)}(X^{\cdot}, Y^{\cdot})$ sera appellé un quasi-isomorphisme si $H^n(f)$ est un isomorphisme pour chaque $n \in \mathbb{Z}$.

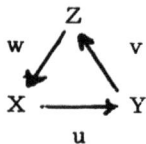

Si l'on ajoute formellement pour chaque quasi-isomorphisme $f : X^{\cdot} \longrightarrow Y^{\cdot}$ un fleche $Y^{\bullet} \longrightarrow X^{\cdot}$, l'inverse de f, on obtient une nouvelle catégorie additive designée par D(A) et qui s'appelle la catégorie derivée de A .

La catégorie D(A) sera munie d'une structure de catégorie triangulée et presente pour nous un interet defisif.

Pour avoir une structure de catégorie triangulé on commence par definir l'automorphisme additif $T : D(A) \longrightarrow D(A)$. Cet automorphisme applique le complexe $X^{\bullet} = (X^i, d^i_x)$ dans le complexe $T(X^{\bullet})$ où

$$T(X)_i = X_{i+1}$$

$$d^i_{T(X^{\bullet})} = d^{i+1}_{X^{\bullet}}$$

Les triangles distingués seront les triangles isomorphes dans le sens de la catégorie derivée à des triangles de la forme suivante

$$X^{\bullet} \xrightarrow{\ I\ } Y^{\bullet} \xrightarrow{\ P\ } Z^{\bullet} \xrightarrow{\ R\ } T\,(X)$$

où

$$X^{\bullet} = (X^i, d^i_X) , \quad Z^{\bullet} = (Z^i , d^i_Z) \qquad Y^{\bullet} = (X^i \oplus Y^i , d^i_{Y^{\bullet}})$$

$$I = (i_{X^{\cdot i}}) , \quad P = (p_{Z^i}) , \qquad R = (p_{X^{i+1}} \, d^i_{Y^{\bullet}} \, i_{Z^i})$$

$$i_{X^i} \ : \ X^i \longrightarrow X^i \oplus Z^i , \qquad p_{Z^i} \ : \ X^i \oplus Z^i \longrightarrow Z^i$$

$$\begin{array}{ccccc}
X^i & \longrightarrow & X^i \oplus Z^i & \underset{i_{Z^i}}{\overset{p_{Z^i}}{\rightleftarrows}} & Z^i \\
\downarrow d^i_X & & \downarrow d^i_Y & & \downarrow d^i_Z \\
X^{i+1} & \underset{i_{X^{i+1}}}{\overset{p_{X^{i+1}}}{\leftrightarrows}} & X^{i+1} \oplus Z^{i+1} & \longrightarrow & Z^{i+1}
\end{array}$$

Il est important pour nous de considèrer une sous-catégorie de D(A) qui sera designé par $D^b(A)$ et qui est engendrée par les complexes de D(A) à cohomologie bornée. La sous-catégorie $D^b(A)$ a une structure naturele de catégorie triangulée : en effet $D^b(A)$ est stable par T et les triangles distingués dans la categorie $D^b(A)$ seront les triangles qui sont destingués dans la catégorie D(A)

4. <u>Groupe de Grothendick d'une catégorie triangulée</u> .

Soit C une catégorie triangulée et G un groupe abelien . On dit qu'une fonction f de C dans G est additive si pour tout triangle distingué

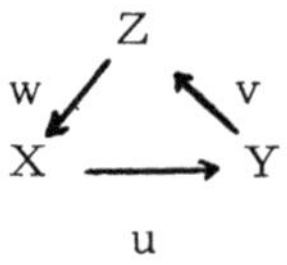

on a $f(X) + f(Z) = f(Y)$.

Etant donnée une fonction additive f, les relations suivantes sont des consequences immédiates de la definition :

a) $f(0) = 0$

b) $f(T(X)) = - f(X)$

c) $f(X) = f(Y)$ si X et Y sont isomorphes .

d) $f(X \oplus Y) = f(X) + f(Y)$.

En effet les triangles suivantes sont distingués :

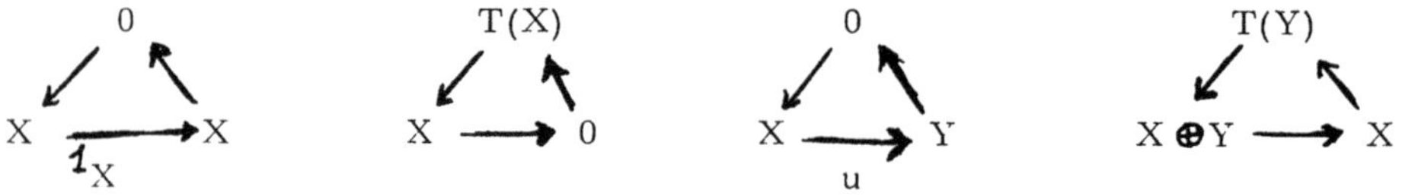

(u isomorphisme) .

Comme dans le cas des catégories abeliennes, on obtient de la manière evidente un foncteur $A : Ab \longrightarrow Ab$ qui associe à chaque groupe abelien G le groupe abelien $A(G)$ des fonctions additives sur C à valeurs dans G. Ce foncteur est representable et il est facile de construire un couple de representation $(K(C)\,,\, c\ell_C)$. En effet on considère tout d'abord le groupe abélien libre $\mathbb{Z}^{(\mathcal{O}b(C))}$ endendré par les objets de C et puis le sous-groupe R engendré par les éléments de la forme $X - Y - Z$, où

$$\begin{array}{ccc} & Z & \\ \swarrow & & \nwarrow \\ Y & \longrightarrow & X \end{array}$$

est un triangle distingué . Le groupe quotient $\mathbb{Z}^{\mathcal{O}b(C)}/_R$ sera $K(C)$ et $c\ell_C$ s'obtient en composant les deux applications canoniques :

$$\mathcal{O}b\,(C) \longrightarrow \mathbb{Z}^{\mathcal{O}b(C)} \longrightarrow K(C)$$

5. Proprietées fonctorieles.

Etant donnée deux catégories triangulées C, C' soit $F : C \longrightarrow C'$ un foncteur exact de C dans C', c'est-à-dire un foncteur additif, "gradué" et transformant les triangles distingués en triangles distingués . Designons comme plus haut par $A, A' : Ab \longrightarrow Ab$ les foncteurs associés aux catégories C et C'. Il en resulte un morphisme fonctoriel $A' \longrightarrow A$ de composition avec F donc un homomorphisme $K(F) : K(C) \longrightarrow K(C')$ unique tel que le diagramme

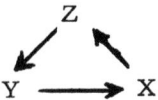

$$\begin{array}{ccc} \mathcal{Ob}(C) & \xrightarrow{F} & \mathcal{Ob}(C') \\ {\scriptstyle cl_C}\downarrow & & \downarrow{\scriptstyle cl_{C'}} \\ K(C) & \xrightarrow[K(F)]{} & K(C') \end{array}$$

soit commutatif.

Il en resulte que si les foncteurs F, $F_1 : C \longrightarrow C'$ sont isomorphes alors $K(F) = K(F_1)$. En particulier si le foncteur F est une equivalence de catégories, alors $K(F)$ est un isomorphisme

Si C'' est une troisième catégorie triangulée et $F : C \times C' \longrightarrow C''$ un bifoncteur exact en chaque variable, alors il est claire qu'il en resulte une application bilineaire $K(F) : K(C) \times K(C') \longrightarrow K(C'')$ tel que la relation suivante soit vraie :

$$K(F)\,(cl_C(X), cl_{C'}(X')) = cl_{C''}\,(F(X, X'))$$

6. <u>Comparaison avec le cas des catégories.</u> Soit A un catégorie abelienne et $K(A)$ le groupe de Grothendieck associé. D'autre part soit $D^b(A)$ la sous-categorie pleine de $D(A)$ engendrée par les complexes bornés de $D(A)$. On peut former aussi le groupe de Grothendieck de cette categorie triangulée $K(D^b(A))$. Il est facile à indiquer un homomorphisme

$$K(A) \xrightarrow{\mu} K(D^b(A))$$

En effet on peut considerer le diagramme

$$\begin{array}{ccc} \mathcal{Ob}(A) & & \\ {\scriptstyle cl_A}\downarrow & \searrow^{f} & \\ K(A) & & K(D^b(A)) \end{array}$$

où le fonction f est définie de la manière suivant : X etant un objet de A on peut lui associer le complexe $X^{\bullet}$ dont toutes les composantes sont nulles sauf la dimension zero qui est egale à X. Alors on peut poser $f(X) = cl_{D^b(A)}(X^{\bullet})$. f est une fonction additive et donc se facorise par cl_A. On obtient donc

$\mu : K(A) \longrightarrow K(D^b(A))$.

L'homomorphisme μ est en fait un isomorphisme . En effet il est facile à construire un inverse de μ en considerant la fonction additive $g : \mathcal{O}b(D^b(A)) \to K(A)$ qui associe à chaque complexe $X^{\bullet}$ de $D^b(A)$ l'element $g(X^{\bullet}) = \sum (-1)^i cl_A(H^i(X^{\bullet}))$.

L'intêret principal de considèrer la catégorie derivée D(A) (ou la catégorie $D^b(A)$) d'une catégorie abelienne A consiste dans le fait suivant :

Les foncteurs qu'on etudie d'habitude d'une catégorie abelienne A dans une autre B, ne sont pas en general des foncteurs exactes. Il est donc dificil à comparer les groupes de Grothendieck K(A), K(B) mà l'aide de ces foncteurs . Par contre l'expèrience nous montre que si l'on considère les foncteurs sur les catégories derivées corespondantes, alors la tendence generale est que les foncteurs ainsi obtenus devienent des foncteurs exactes.

<u>Premier exemple.</u> Soit $(X, \mathcal{O})$ un espace annelé et A la catégorie abelienne des faisceaux sur X qui sont des $\mathcal{O}$-modules $\mathcal{F}$ et $\mathcal{G}$ alors on peut definir les faisceau produit tensoriel $\mathcal{F} \otimes_{\mathcal{O}} \mathcal{G}$. Le faisceau $\mathcal{F} \otimes_{\mathcal{O}} \mathcal{G}$ ainsi obtenue est un $\mathcal{O}$-module. Si l'on fixe par exemple $\mathcal{F}$, on obtient un foncteur covariant de A dans A :

$$\mathcal{G} \rightsquigarrow \mathcal{F} \otimes_{\mathcal{O}} \mathcal{G}$$

qui est bien entendue loin d'être exact, bien qu'il est exact à droite. On peut coriger ce fait en regardant le foncteur produit tensoriel dans la catégorie derivée de A . Pour cela, nous dirons tout d'abord que le faisceau $\mathcal{P}$ de $\mathcal{O}$-modules est plat si quelque soit le suite exacte de $\mathcal{O}$-modules :

$$0 \longrightarrow \mathcal{A} \longrightarrow \mathcal{B} \longrightarrow \mathcal{C} \longrightarrow 0$$

la suite obtenue par tensorisation avec $\mathcal{P}$ reste encore exacte :

$$0 \longrightarrow \mathcal{A} \otimes_{\mathcal{O}} \mathcal{P} \longrightarrow \mathcal{B} \otimes_{\mathcal{O}} \mathcal{P} \longrightarrow \mathcal{C} \otimes_{\mathcal{O}} \mathcal{P} \longrightarrow 0$$

Par exemple $\mathcal{O}^m$ est plat. Une somme directe de faisceaux plats est un faisceau plat.

Soit U un ouvert de l'espace X et considérons le faisceau de $\mathcal{O}$-modules $\mathcal{O}_U$ obtenue en prolongeaut par zero le faisceau $\mathcal{O}_U$ en dehors U . C'est clair que $\mathcal{O}_U$ est un faisceau plat.

Proposition. Chaque faisceau A de $\mathcal{O}$-modules est le quotient d'un faisceau plat.

Demontration . Soit $x \in X$, $a_x \in A_x$, U une voisinage de x et $a_U \in \Gamma(U, A)$ tel que $a_U(x) = x$. Pour chaque triple (x, a_x, a_U) de cette forme considerons le faisceau $\mathcal{O}_{x, a_x, a_U} = \mathcal{O}_U$ et l'homomorphisme de faisceaux $\varphi_{x, a_x, a_U} : \mathcal{O}_{x, a_x, a_0} \longrightarrow A$ qui envoie l'unité de $\mathcal{O}_y$ en $a_U(y)$ pour chaque $y \in U$. Soient $\mathcal{P} = \oplus\, \mathcal{O}_{x, a_x, a_U}$ et $\varphi : \mathcal{P} \longrightarrow A$, $\varphi = \oplus\, \varphi_{x, a_x, a_v}$. $\mathcal{P}$ est plat et φ est un epimorphisme .

En utilisant cette proposition il est facile à etablir la proposition suivante :

Si $\mathcal{X}^\cdot$ est un complexe de faisceaux borné à droite, il existe un complexe $U^\bullet$ dont tous les composantes sont plats et un quasi-isomorphisme $\mathcal{U}^\cdot \longrightarrow \mathcal{X}^\cdot$. Nous sommes maintenant en mesure de definir le produit tensoriel dans la catégorie derivée des faisceaux de ·modules.

Soient $\mathcal{X}^\cdot$ et $\mathcal{Y}^\cdot$ deux complexes bornés a droite des faisceaux de $\mathcal{O}$·modules et $\mathcal{U}^\cdot \longrightarrow \mathcal{X}^\cdot$ un quasi-isomorphisme, ayant tous les composantes plats. Dans ce cas le complexe $\mathcal{U}^\cdot \otimes_{\mathcal{O}} \mathcal{Y}^\cdot$ ne depend pas-à un isomorphisme près dans le sens de la catégorie derivée D(A) — de $\mathcal{U}^\cdot$. L'un de ces complexes sera designé par $\mathcal{X}^\cdot \overset{L}{\otimes}_{\mathcal{O}} \mathcal{Y}^\cdot$ et sera appellé le produit tensoriel au sens de la catégorie derivée des complexes $\mathcal{X}^\cdot$ et $\mathcal{Y}^\cdot$

On peut montrer qu'on obtient de cette facon un bifoncteur :

$$D^-(A) \times D^-(A) \longrightarrow D^-(A)$$

qui est exact (au sens de la théorie des catégories triangulées) en chaque variable. En particulièr on a les formuls :

$$\mathcal{X}^\cdot \overset{L}{\otimes}_{\mathcal{O}} \mathcal{Y}^\cdot \simeq \mathcal{Y}^\cdot \overset{L}{\otimes}_{\mathcal{O}} \mathcal{X}^\cdot$$

$$\mathcal{X}^\cdot \overset{L}{\otimes}_{\mathcal{O}} (\mathcal{Y}^\cdot \overset{L}{\otimes}_{\mathcal{O}} \mathcal{Z}^\cdot) \cong (\mathcal{X}^\cdot \overset{L}{\otimes}_{\mathcal{O}} \mathcal{Y}^\cdot) \overset{L}{\otimes}_{\mathcal{O}} \mathcal{Z}^\cdot$$

$$\mathcal{X}^\cdot \overset{L}{\otimes}_{\mathcal{O}} \mathcal{O} \cong \mathcal{X}^\cdot$$

On pose par definition :

$$\mathrm{Tor}^i_{\mathcal{O}}(\mathcal{X}^\cdot, \mathcal{Y}^\cdot) = H_i(\mathcal{X}^\cdot \overset{L}{\otimes}_{\mathcal{O}} \mathcal{Y}^\cdot)$$

Deuxieme exemple. Soient $(X', \mathcal{O}')$, $(X, \mathcal{O})$ deux espaces annelés et $f : (X', \mathcal{O}') \to (X, \mathcal{O})$ un morphisme du premièr espace dans le seconde. Il resulte alors deux foncteurs exacts

$$R f_* \; : D^+(A') \longrightarrow D^+(A)$$

$$R f^* \; : D^+(A) \longrightarrow D^+(A')$$

deduits des foncteurs "images directe" resp."image inverse".

7. <u>Definition de l'anneau de Chow d'une variété algebrique projective et sans singularités</u> .

Soit $(X, \mathcal{O})$ une varieté algébrique projective et sans singularités et S la catégorie abelienne des faisceaux coherents sur X . On pose par definition $K(X) = K(S) = K(D^b(S))$. Si $\mathcal{X}^{\cdot}, \mathcal{Y}^{\cdot}$ sont deux complexes finis de faisceaux cohérents alors $\mathcal{X}^{\cdot} \overset{L}{\otimes}_{\mathcal{O}} \mathcal{Y}^{\cdot}$ est isomorphe à un complexe borné dont toutes les composantes sont des faisceaux cohérents. On obtient donc un bifoncteur

$$D^b(S) \times D^b(S) \longrightarrow D^b(S)$$

$$(\mathcal{X}^{\cdot}, \mathcal{Y}^{\cdot}) \rightsquigarrow \mathcal{X}^{\cdot} \overset{L}{\otimes} \mathcal{Y}^{\cdot}$$

qui est exact en chaque variable. Il en resulte compte tenue des resultats generaux que nous avons exposés qu'on peut introduit sur K(X) une lois de composition commutative, associative et à element unité. En fait K(X) devient un anneau, l'anneau de Chow non-gradué de la varieté algébrique X .

Si $f : X \to Y$ est un morphisme regulièr , en utilisant Rf^* on peut lui associer un homomorphisme d'anneaux

$$f^! : K(Y) \longrightarrow K(X)$$

Si en plus f est propre on peut definir en partant de Rf_* l'homomorphisme de groupes :

$$f_! : K(X) \longrightarrow K(Y) .$$

Ces deux homomorphismes sont liés par le "formule de projection " :

$$f_!(y\ f^!(X)) = f_!(y)\ x \qquad x \in K(Y), y \in (K(X) .$$

8 . Filtration de K(X) . On peut introduire une filtration sur K(X) par les formules :

$$K(X)_i = \left\{ \xi \in K(X) \middle/ \forall \ Y \text{ fermé } \exists \mathcal{X}^{\cdot} \in D^b(S) ,\right.$$

$$cl_{D^b(S)} \mathcal{X}^{\cdot} = \xi, \operatorname{codim}_y(\mathcal{Y} \cap \operatorname{Supp}\ ) \geqslant i$$

L'anneau gradué associé s'appelle l'anneau de Chow gradué de la varieté X.

BIBLIOGRAPHIE

1. Borel A. , Serre J.P., Le théorème de Riemann-Roch , Bull . Soc. Math France, 86 (1958) , 97-136 .

2. Cow W.L. , On equivalence classes of cycles in an algebraic variety, Ann Math. 64 (1956) , 450-479.

3. Grothendieck A. La théorie des classes de Chern, Bull. Soc. Math. France 86 (1958) , 137-154.

4. Grothendieck A. , Diendonné J., Eléments de Geometrie Algébrique , Publ. Math. I.H.E.S. IV (seconde Partie) .

5. Verdier J. L. Catégorie derivées, I.H.E.S.

CENTRO INTERNAZIONALE MATEMATICO ESTIVO

(C. I. M. E.)

B. ECKMANN

COHOMOLOGIE ET CLASSES CARACTERISTIQUES

Corso tenuto all'Aquila dal 2 al 10 settembre 1966

COHOMOLOGIE ET CLASSES CARACTERISTIQUES

par

B. ECKMANN

(E.T.H., Zurich)

Remarques préliminaires.

1) Ce cours donne une introduction aux aspects cohomologiques de la théorie des classes caractéristiques, en particulier des classes de Chern des fibrés complexes; les méthodes et résultats sont appliqués à quelques problèmes classiques de la topologie (parallélisme sur les sphères et invariant de Hopf).

Dans le premier chapitre les foncteurs cohomologiques (avec ou sans axiome de dimension) sont traités en quelque détail; les exemples essentiels pour ce cours sont la cohomologie ordinaire, la K-théorie unitaire et la cohomotopie stable. Le second chapitre donne un résumé des propriétés générales qu'on peut obtenir pour les polyèdres finis à l'aide des suites spectrales et qui fournissent, pour la K-théorie (Grothendieck-Atiyah-Hirzebruch) des relations très précises avec la cohomologie ordinaire à coefficients entiers et rationnels. Dans le troisième chapitre le lien entre cohomologie et classes de Chern des fibrés complexes est discuté (caractère de Chern et propriétés d'intégralité). Le problème de l'invariant de Hopf des applications sphériques est résolu à l'aide des opérations d'Adams.

2) Quelques notions et notations de la théorie des catégories seront fréquemment utilisées, en particulier celles de foncteur, de transformation naturelle, etc. Si $\mathfrak{C}$ est une categorie, on notera $\mathfrak{C}^2$ la catégorie des morphismes de

$\mathfrak{C}$: Les objets de $\mathfrak{C}^2$ sont les morphismes $\alpha: A_1 \to A_2$ de $\mathfrak{C}$ (aussi dits "paires" de $\mathfrak{C}$); un morphisme $f: \alpha \to \beta$ de $\mathfrak{C}$ est une paire de morphismes f_1, f_2 dans $\mathfrak{C}$ tels que le diagramme

$$\begin{array}{ccc} A_1 & \xrightarrow{f_1} & B_1 \\ \alpha \downarrow & \xRightarrow{f} & \downarrow \beta \\ A_2 & \xrightarrow[f_2]{} & B_2 \end{array}$$

soit commutatif.

Si $T: \mathfrak{C} \to \mathfrak{D}$ est un foncteur, on écrira pour le morphisme image de α par T toujours α_* ou α^* (selon que T est covariant ou contravariant), tandis que la notation $T(\alpha)$ sera évitée pour prévenir une confusion avec d'autres notations.

Un foncteur Z-gradué $T: \mathfrak{C} \to \mathfrak{D}$ est une famille de foncteurs T^p, $p \in Z$, de $\mathfrak{C}$ dans $\mathfrak{D}$: nous écrirons $T = \{T^p\}$.

3) Le théorème de périodicité de Bott (dans le cas du groupe unitaire) sera utilisé sans rappel de la démonstration. A part la démonstration originale [R. Bott, Ann. of Math. 70, 313-337 (1959)], il en existe plusieurs autres, utilisant des méthodes diverses de la topologie algébrique, et aussi des démonstrations élémentaires (Atiyah-Bott) qui ne font usage que des propriétés des fibrés complexes et de lemmes d'analyse. Le théorème intervient dans ce cours de façon importante dans la définition et la discussion de la K-cohomologie. Remarquons toutefois qu'une grande partie de la K-théorie et des propriétés obtenues à l'aide des suites

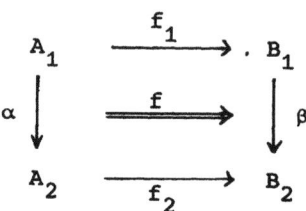

spectrales (chap.II) peut s'obtenir sans utiliser le théorème de Bott (bien que dans ces circonstances, on ne soit pas en présence d'une cohomologie au sens complet) et que ces résultats de leur côté pourraient être complétés par des moyens analytiques de façon à donner une démonstration du théorème.

B. Eckmann

Chapitre I. Cohomologie

I.1 A x i o m e s .

Nous désignons par $\mathcal{T}$ une catégorie d'espaces topologiques pointés comprenant au moins les polyèdres (CW-complexes) finis. Tout espace A contient donc un point-base, toujours noté o , et les morphismes de $\mathcal{T}$ sont les applications continues respectant les points-base. L'espace formé par un seul point est un zéro-objet; à tout $A \in \mathcal{T}$ sont associés deux morphismes distingués $o \to A$ et $A \to o$. Entre deux espaces $A, B \in \mathcal{T}$ il existe un morphisme privilégié $O: A \to B$ défini comme composé $A \to o \to B$; il vérifie $Of = O$ pour tout $f: A' \to A$ et $gO = O$ pour tout $g: B \to B'$.

On notera $\mathcal{A}b$ la catégorie des groupes Abéliens (écrits additivement). Dans cette catégorie, O désignera comme d'habitude le groupe à un élément, l'élément neutre d'un groupe, un homomorphisme nul etc.

Nous allons considérer un foncteur contravariant h Z-gradué, donc une famille de foncteurs $\{h^m\}$, $m \in Z$, de $\mathcal{T}^2$ dans $\mathcal{A}b$, muni d'une famille d'équivalences naturelles ν^m, $m \in Z$:

$$\nu^m_A: h^m(o \to A) \cong h^{m+1}(A \to o)$$

pour tout $A \in \mathcal{T}$. En écrivant, dans cette situation, $h^m(A)$ pour $h^m(o \to A)$ — ou pour $h^{m+1}(A \to o)$ identifié avec $h^m(o \to A)$ en vertu de ν^m_A — on obtient un foncteur $\mathcal{T} \to \mathcal{A}b$ également noté h^m . Les groupes $h^m(\alpha)$ associés aux paires $\alpha: A_1 \to A_2$ objets de $\mathcal{T}^2$ sont dits groupes relatifs, les groupes $h^m(A)$ groupes absolus.

Le système formé par $h = \{h^m\}$ et les ν^m est dit un <u>foncteur cohomologique</u>, s'il vérifie les axiomes I) d'exactitude, II) d'excision, et III) d'homotopie, précisés ci-dessous. Nous parlerons souvent d'un foncteur cohomologique h (ou d'une théorie cohomologique h) en laissant les ν^m implicites.

<u>I) Exactitude.</u>

Soit $\alpha: A_1 \to A_2$ un morphisme de $\mathcal{A}$. On considère la suite de groupes Abéliens et d'homomorphismes

$$\cdots \to h^m(A_2) \xrightarrow{\alpha^*} h^m(A_1) \xrightarrow{J} h^{m+1}(\alpha) \xrightarrow{\partial} h^{m+1}(A_2) \to \cdots$$

où α^*, J, ∂ sont induits par les morphismes dans $\mathcal{A}^2$ marqués $\Rightarrow$ dans le diagramme commutatif

$$\begin{array}{ccccccc} o & \longrightarrow & o & \longrightarrow & A_1 & \xrightarrow{\alpha} & A_2 \\ \downarrow & \Rightarrow & \downarrow & \overset{\varphi}{\Rightarrow} & \downarrow & \overset{\psi}{\Rightarrow} & \downarrow \\ A_1 & \xrightarrow{\alpha} & A_2 & \longrightarrow & A_2 & \longrightarrow & o \end{array}$$

La signification de α^* est claire; J est défini par $\psi^* \nu^m_{A_1}$, et ∂ par φ^*.

L'axiome I exige que cette suite soit exacte.

<u>II) Excision.</u>

Le diagramme commutatif associé à $\alpha: A_1 \to A_2$

$$\begin{array}{ccc} A_1 & \longrightarrow & o \\ \downarrow & \overset{\varepsilon}{\Rightarrow} & \downarrow \\ A_2 & \longrightarrow & A_2/\alpha A_1 \end{array}$$

où $A_2/\alpha A_1$ note l'espace obtenu en identifiant l'image $\alpha A_1 \subset A_2$ au point-base o, définit un morphisme ε dans $\mathcal{F}^2$, donc un homomorphisme naturel $\varepsilon^*: h^m(A_2/\alpha A_1) \to h^m(\alpha)$.

L'axiome II exige que ε^* soit un isomorphisme si α est une <u>cofibration</u>, c.à.d. une inclusion $A_1 \subset A_2$ avec la propriété d'extensions des homotopies (p.ex. une inclusion polyédrale); A_2/A_1 est, dans ce cas, dit la <u>cofibre</u> de α.

III) Homotopie.

Si α et β sont deux applications homotopes $A_1 \to A_2$, l'homotopie respectant les points-base o, alors

$$\alpha^* = \beta^*: h^m(A_2) \to h^m(A_1) \qquad \text{pour tout} \quad m \in Z .$$

I.2 Propriétés générales.

Voici quelques conséquences immédiates de ces axiomes, et quelques commentaires.

1) Si $\alpha: A_1 \to A_2$ est une <u>équivalence d'homotopie</u>, alors $h^m(\alpha) = 0$ pour tout $m \in Z$.

En effet, pour tout équivalence α dans $\mathcal{F}$, l'homomorphisme $\alpha^*: h^m(A_2) \to h^m(A_1)$ est un isomorphisme pour tout $m \in Z$. En vertu de l'axiome d'homotopie, cela reste vrai si α est seulement une équivalence d'homotopie. La suite de α entraîne alors $h^m(\alpha) = 0$ pour tout $m \in Z$.

2) $h^m(o) = 0$ pour tout $m \in Z$.

En effet, on a $h^m(1) = 0$ pour l'identité $1: o \to o$ qui est une cofibration; en vertu de l'excision on a $h^m(1) = h^m(o) = 0$ pour tout $m \in Z$.

Les théories cohomologiques considérées ici sont donc "réduites", c.à.d. prennent la valeur 0 sur tout espace contractile au point-base o (pour les cohomologies "libres" ayant des valeurs $\neq 0$ sur l'espace formé par un point, voir 9) ci-dessous).

3) Nous notons CA le __cône__ (réduit) sur $A \in \mathcal{T}$, c.à.d. l'espace $A \times I/(A \times (1) \cup o \times I)$, où I désigne l'intervalle réel $0 \leq t \leq 1$. On vérifie aisément que l'inclusion $i: A \to CA$ donnée par $i(a) = a \times (0)$ est une cofibration. CA étant contractile en o, on a $h^m(CA) = 0$ pour tout $m \in Z$. La suite exacte de i et l'excision entraînent alors $h^m(A) \cong h^{m+1}(CA/iA)$ pour tout $m \in Z$. On note ΣA et appelle __suspension__ (réduite) de A l'espace $CA/iA = A \times I/(A \times (0) \cup A \times (1) \cup o \times I)$. On a donc, pour tout $m \in Z$,

$$h^m(A) \cong h^{m+1}(\Sigma A);$$

les valeurs de h sur l'espace A déterminent de cette façon les valeurs sur toutes les suspensions de A.

4) La sphère à n dimensions S_n est homéomorphe à la suspension ΣS_{n-1} ; nous supposons un tel homéomorphisme choisi une fois pour toutes, pour tout $n \geq 1$, et écrivons $S_n = \Sigma S_{n-1}$. On a alors un isomorphisme canonique $h^m(S_n) \cong h^{m-1}(S_{n-1})$, et

$$h^m(S_n) \cong h^{m-n}(S_o) \quad , \quad m \in Z, \quad n \geq 0 .$$

Le groupe Z-gradué $\{h^m(S_o)\}$ s'appelle __groupe de coefficients__ du foncteur cohomologique h.

5) Un __triple__ dans $\mathcal{T}$ est formé par trois espaces et deux applications

$$A_o \xrightarrow{\alpha_1} A_1 \xrightarrow{\alpha} A_2 \ ;$$

nous le notons (α,α_1). En posant $\alpha_2 = \alpha\alpha_1 : A_o \to A_2$, le diagramme commutatif

$$\begin{array}{ccccc} A_o & \xrightarrow{1} & A_o & \xrightarrow{\alpha_1} & A_1 \\ {\scriptstyle\alpha_1}\downarrow & \overset{f}{\Rightarrow} & {\scriptstyle\alpha_2}\downarrow & \overset{g}{\Rightarrow} & \downarrow{\scriptstyle\alpha} \\ A_1 & \xrightarrow[\alpha]{} & A_2 & \xrightarrow[1]{} & A_2 \end{array}$$

induit les homomorphismes

$$h^m(\alpha) \xrightarrow{g^*} h^m(\alpha_2) \xrightarrow{f^*} h^m(\alpha_1) \ .$$

En plus on définit un homomorphisme $\delta: h^m(\alpha_1) \to h^{m+1}(\alpha)$ par la composition $h^m(\alpha_1) \overset{\partial}{\to} h^m(A_1) \overset{J}{\to} h^{m+1}(\alpha)$, où ∂ provient de la suite exacte de α_1 , et J de celle de α: on peut donc facilement donner une description explicite de δ utilisant les ν^m de la théorie h . La suite

$$\dots \to h^m(\alpha) \xrightarrow{g^*} h^m(\alpha_2) \xrightarrow{f^*} h^m(\alpha_1) \xrightarrow{\delta} h^{m+1}(\alpha) \xrightarrow{g^*} h^{m+1}(\alpha_2) \to \dots$$

est dite <u>la suite du triple</u> (α,α_1). En combinant les suites exactes des applications α,α_1,α_2 et en appliquant les lemmes habituels sur les diagrammes commutatifs de suites exactes, on voit facilement que la suite du triple (α,α_1) est toujours <u>exacte</u>.

Dans le cas particulier $A_o = o$, la suite du triple ci-dessus coïncide avec la suite exacte (axiome I) de $\alpha: A_1 \to A_2$ L'axiome I pourrait donc être remplacé par l'axiome équivalent exigeant l'exactitude de la suite des triples (avec une définition de δ dérivée directement des ν^m).

6) Si dans le triple (α,α_1), l'application $\alpha: A_1 \to A_2$ est une <u>équivalence d'homotopie</u>, alors les groupes $h^m(\alpha_1)$ et $h^m(\alpha\alpha_1)$ sont isomorphes pour chaque $m \in Z$.

En effet, on a dans ce cas $h^m(\alpha) = 0$ pour tout m, et la suite exacte du triple entraîne $h^m(\alpha_2) = h^m(\alpha_1)$ pour tout $m \in Z$, l'isomorphisme étant donné par f^*, c.à.d. dépendant de l'équivalence α. De la même façon on montre que $h^m(\alpha) = h^m(\alpha\alpha_1)$ si α_1 est une équivalence d'homotopie.

7) Les groupes h^m <u>relatifs</u> peuvent s'exprimer à l'aide des groupes h^m absolus de la théorie h.

En effet, toute application $\beta: B_1 \to B_2$ peut se factoriser en $\beta = \beta''\beta'$ où β'' est une équivalence d'homotopie et β' une cofibration. On a donc, d'après 6), $h^m(\beta) \cong h^m(\beta')$ et $h^m(\beta') \cong h^m$ (cofibre de β') en vertu de l'axiome d'excision.

En choisissant un procédé standard pour la factorisation $\beta = \beta'\beta''$, l'isomorphisme $h^m(\beta) \cong h^m$(cofibre de β') peut être rendu naturel, c.à.d. compatible avec tous les morphismes (dans $\mathcal{T}^2$ et $\mathcal{T}$ respectivement). Nous rappelons rapidement le procédé standard qui utilise le <u>mapping cylinder</u> M de β: On attache le cylindre (réduit) $ZB_1 = B_1 \times I/o \times I$ sur B_1 à l'espace B_2 en vertu de l'application β, pour obtenir un espace

$$M = B_2 \cup_\beta ZB_1 .$$

M est l'espace quotient de la réunion $B_2 \cup ZB_1$ modulo l'identification de chaque point $b_1 \times (0)$ de ZB_1 avec $\beta(b_1) \in B_2$. On pose alors $\beta'(b_1) = b_1 \times (1)$ pour tout $b_1 \in B_1$, et β''

est définie par

$$\beta''(b_1 \times (t)) = \beta(b_1) \in B_2 , \qquad b_1 \in B_1 ,$$

$$\beta''(b_2) = b_2 , \qquad b_2 \in B_2 .$$

On a ainsi factorisé β en $\beta''\beta'$: $B_1 \to M \to B_2$, et on vérifie aisément que β' est une cofibration et β'' une équivalence d'homotopie. Remarquons que la cofibre de β' est l'espace $M/\beta' B_1$, c.à.d. le <u>mapping cone</u> de β (obtenu en attachant à B_2 le cône CB_1 en vertu de β), noté $B_2 \cup_\beta CB_1$.

Ainsi les enoncés concernant des groupes relatifs $h^m(\beta)$ peuvent se réduire aux groupes absolus $h^m(B)$, et le foncteur cohomologique h se ramène ainsi complètement aux groupes h^m absolus (avec des règles convenables pour les homomorphismes des suites exactes). Nous utiliserons implicitement ce fait en nous bornant, dans certains cas, à faire des vérifications pour les groupes absolus seulement.

8) Cohomologie d'une somme (wedge) $A_1 \vee A_2$.

Pour deux espaces $A_1, A_2 \in \mathcal{T}$ on note $A_1 \vee A_2$ la réunion de A_1 et A_2 avec points-base identifiés. L'inclusion $i: A_1 \to A_1 \vee A_2$ est une cofibration, de cofibre A_2 . L'application $p: A_1 \vee A_2 \to A_1$ qui est l'identité sur A_1 et 0 sur A_2 est un inverse à gauche de i (pi = 1). La suite exacte de i, en tenant compte de l'excision, est

$$\dots \xrightarrow{J} h^m(A_2) \to h^m(A_1 \vee A_2) \underset{p^*}{\overset{i^*}{\rightleftarrows}} h^m(A_1) \xrightarrow{J} h^{m+1}(A_2) \to \dots$$

Comme pi = 1, on a $i^*p^* = 1$; par conséquent J est nul,

la courte suite exacte $0 \to h^m(A_2) \to h^m(A_2 \quad A_1) \to h^m(A_1) \to 0$ est scindée, et il résulte un isomorphisme naturel

$$h^m(A_1 \vee A_2) \cong h^m(A_1) \oplus h^m(A_2) \quad \text{pour tout} \quad m \in Z.$$

Le résultat s'étend immédiatement à un wedge fini arbitraire d'espaces $\in \mathcal{T}$. Par contre, la formule analogue pour un wedge infini (avec $\oplus$ au second membre remplacé par le produit direct) ne se déduit pas des axiomes; d'autres propriétés d'une cohomologie h donnée explicitement permettent, dans certains cas, de la démontrer. Dans le cadre axiomatique on la prend, si nécessaire, comme axiome supplémentaire.

9) Cohomologie <u>libre</u>.

Soit $\mathcal{T}_{libre}$ une catégorie d'espaces topologiques "libres" (sans points-base) et des applications continues libres. Le foncteur suivant $\mathcal{T}_{libre} \to \mathcal{T}$ est considéré: On associe à un espace libre A l'espace pointé A^+ réunion disjointe de A et d'un point $+$ que l'on prend comme point-base de A^+ ; et à une application libre $\alpha: A_1 \to A_2$ l'application $\alpha^+: A_1^+ \to A_2^+$ qui est $=\alpha$ sur A_1 et envoie $+$ dans $+$. Le foncteur permet d'associer à une cohomologie h une cohomologie <u>libre</u> h_+ , comme suit.

Etant donné $h = \{h^m\}$ avec ν^m , $m \in Z$, on pose

$$h_+^m(\alpha) = h^m(\alpha^+) \quad , \quad m \in Z.$$

C'est un foncteur gradué $\mathcal{T}^2_{libre} \to \mathcal{Ab}$; des axiomes I, II, III pour h on déduit des propriétés analogues pour h_+ que nous n'explicitons pas ici (axiomes d'un <u>foncteur cohomologique</u>

libre). Notons seulement que les groupes absolus $h^m(A^+)$, qui deviennent les groupes absolus $h_+^m(A)$ de la théorie libre h_+, sont les groupes relatifs h_+^m de l'inclusion $\emptyset \to A$ (puisque $A \to \emptyset$ n'existe pas, les équivalences ν^m doivent être remplacées par autre chose, p.ex. par la donnée de ∂ dans la suite exacte — c'est le procédé classique). On montre facilement que réciproquement toute cohomologie libre h_+ donnée arbitrairement et vérifiant les axiomes "libres" donne lieu à une cohomologie pointée h bien déterminée telle que $h_+^m(\alpha) = h^m(\alpha^+)$ et $h_+^m(A) = h^m(A^+)$.

Si A est un espace pointé, on a dans A^+ deux points distingués o et $+$; on peut donc former les groupes $h^m(A)$ (point-base o) et $h_+^m(A) = h^m(A^+)$ (point-base $+$). Dans ce cas on a

$$h_+^m(A) \cong h^m(A) \oplus h^m(S_o) \quad \text{pour tout} \quad m \in Z.$$

En effet, notons S_o la sphère à 0 dimensions formée par o et $+$; alors $A^+ = A \vee S_o$ et la formule se déduit de 8) ci-dessus.-

Soit α une application $A_1 \to A_2$ pointée, et $h_+^m(\alpha) = h^m(\alpha^+)$ selon la définition donnée plus haut. Alors

$$h_+^m(\alpha) \cong h^m(\alpha) \quad \text{pour tout} \quad m \in Z$$

Démonstration: Considérons le diagramme commutatif

$$\begin{array}{ccccc} S_o & \xrightarrow{i_1} & A_1^+ & \xrightarrow{\alpha^+} & A_2^+ \\ \downarrow & & \downarrow & & \downarrow \\ o & \xrightarrow{0} & A_1 & \xrightarrow{\alpha} & A_2 \end{array}$$

où les applications verticales sont données par l'identité avec l'exception que $+$ est envoyé sur o . S_o note la 0-sphère $(o,+)$, i_1, i_2 les applications évidentes $S_o \to A_1$ et $S_o \to A_2$ qui envoient $+$ en $+$; on a $\alpha^+ i_1 = i_2$. Le diagramme définit une application du triple (α^+, i_1) dans le triple $(\alpha, 0)$, donc un homomorphisme de la suite exacte du second dans celle du premier

$$\begin{array}{ccccccccc}
\ldots \to & h^m(\alpha) & \longrightarrow & h^m(A_2) & \longrightarrow & h^m(A_1) & \longrightarrow & h^{m+1}(\alpha) & \to \ldots \\
& \downarrow & & \downarrow \cong & & \downarrow \cong & & \downarrow & \\
\ldots \to & h^m(\alpha^+) & \longrightarrow & h^m(i_2) & \longrightarrow & h^m(i_1) & \longrightarrow & h^{m+1}(\alpha^+) & \to \ldots
\end{array}$$

Par excision $h^m(i_1) \cong h^m(A_1)$, et de même pour i_2 ; il résulte donc $h^m(\alpha) \cong h^m(\alpha^+)$, $m \in Z$.

I.3 Exemples

1) Cohomologie singulière.

La cohomologie singulière est définie d'habitude comme théorie libre; nous écrirons $H^m(A;G)$ pour les groupes absolus, $A \in \mathcal{T}_{\text{libre}}$, à coefficients dans le groupe Abélien G . Les groupes relatifs $H^m(\alpha;G)$ sont définis classiquement pour des inclusions $\alpha\colon A_1 \to A_2$ seulement, et peuvent être étendus à des applications (libres) arbitraires à l'aide du mapping cylinder (libre, analogue à celui indiqué dans I.2.7)). Pour obtenir une cohomologie pointée, on pose $\tilde{H}^m(\alpha;G) = H^m(\alpha;G)$ pour une application pointée $\alpha \in \mathcal{T}^2$; les groupes absolus pointés seront alors $\tilde{H}^m(A;G) = H^m(o \to A;G) \cong H^{m+1}(A \to o;G)$ pour $A \in \mathcal{T}$, et on sait que <u>les $\tilde{H}^m$ vérifient les axiomes d'un foncteur cohomologique (pointé) donnés dans</u> I.1 (l'axiome d'excision II est valable pour des inclusions polyédrales au moins; mais naturellement $\tilde{H}^m$ satisfait des propriétés d'excision plus générales).

Notons que $\tilde{H}^m(A;G) = 0$ pour $m < 0$; et que $\tilde{H}^m(S_0;G) = 0$ pour $m \neq 0$, et $=G$ pour $m = 0$, donc

$$\begin{aligned} \tilde{H}^m(S_n;G) &= 0 \quad m \neq n , \\ &= G \quad m = n . \end{aligned}$$

Cette dernière propriété est dite axiome de dimension IV.

2) <u>Cohomologies homotopiques</u>.

Commençons par quelques remarques préliminaires relatives à l'homotopie; pour plus de détails le lecteur est renvoyé à [8] et [15]. On désigne par $\Pi(A,B)$, $A,B \in \mathcal{W}$ l'ensemble pointé des classes d'homotopie des applications pointées $A \to B$, les points-base étant respectés pour toute valeur du paramètre de déformation. De façon analogue, $\Pi(\alpha,\beta)$ désigne l'ensemble des classes d'homotopie des morphismes $f: \alpha \to \beta$, $\alpha,\beta \in \mathcal{W}^2$; une homotopie de $f: \alpha \to \beta$,

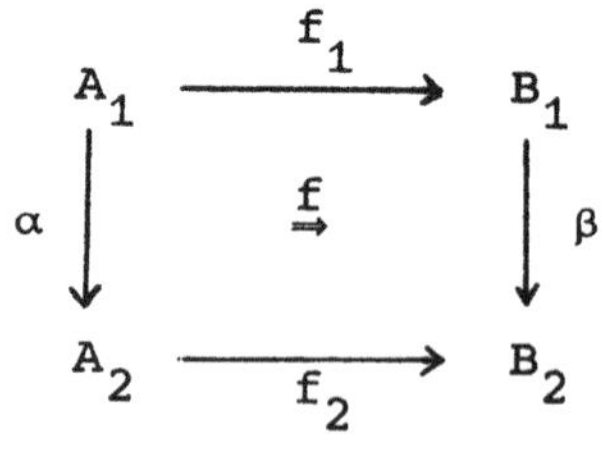

est une paire d'homotopies de f_1 et f_2 respectivement telles que le carré ci-dessus reste commutatif pour toute valeur du paramètre de déformation. Si B est un H-espace, l'ensemble $\Pi(A,B)$ est muni d'une structure de groupe naturelle. C'est le cas en particulier si $B = \Omega Y$ est <u>l'espace des lacets</u> dans un espace pointé Y (commençant et aboutissant en o); on peut alors identifier $\Pi(A,\Omega Y)$ et $\Pi(\Sigma A,Y)$ de façon naturelle. En itérant les opérations Σ (suspension) et Ω (espace de lacets), on peut former les groupes $\Pi(\Sigma^2 X,Y) = \Pi(\Sigma X,\Omega Y) = \Pi(X,\Omega^2 Y)$ avec des identifications naturelles, et montrer qu'ils sont Abéliens. Ainsi, p.ex. $\Pi(S_n,Y)$ est un ensemble pointé pour $n = 0$, un groupe pour $n \geq 1$, un groupe Abélien pour $n \geq 2$, noté $\pi_n(Y)$, et on a

$$\pi_n(Y) = \pi_{n-1}(\Omega Y) \ , \quad n \geq 1 \ .$$

Tout ce qui vient d'être dit sur $\Pi(A,B)$ peut se répéter pour $\Pi(\alpha,\beta)$, $\alpha,\beta \in \mathcal{T}^2$. Si l'on note $\Sigma\alpha\colon \Sigma A_1 \to \Sigma A_2$ l'application induite par $\alpha\colon A_1 \to A_2$, et $\Omega\beta\colon \Omega B_1 \to \Omega B_2$ celle induite par $\beta\colon B_1 \to B_2$, on constate que $\Pi(\alpha,\Omega\beta) = \Pi(\Sigma\alpha,\beta)$ admet une structure de groupe naturelle, et $\Pi(\Sigma^2\alpha,\beta) = \Pi(\Sigma\alpha,\Omega\beta) = \Pi(\alpha,\Omega^2\beta)$ une structure de groupe Abélien naturelle.

On va noter EY l'espace des chemins dans Y aboutissant en $o \in Y$. L'application qui à tout chemin fait correspondre son point initial sera notée ϱ_Y ou $\varrho\colon EY \to Y$; remarquons que $\varrho^{-1}(o) = \Omega Y$.

<u>Spectre</u>. On appelle spectre $\mathcal{B}$, une suite d'espace B_m, $m \in Z$, et d'applications $\omega_m\colon B_m \to \Omega B_{m+1}$. Si les ω_m sont des équivalences d'homotopie pour tout $m \in Z$, on parle d'un <u>Ω-spectre</u>. Ecrivons ϱ_m pour l'application $\varrho_{B_m}\colon EB_m \to B_m$.

Si un Ω-spectre $\mathcal{S}$ est donné, on définit pour $\alpha \in \mathcal{F}^2$

$$h^m(\alpha) = \Pi(\alpha, \varrho_m) \ .$$

Un élément de $h^m(\alpha)$ est donc une classe d'homotopie de morphismes $f: \alpha \to \varrho_m$ dans $\mathcal{F}^2$:

$$\begin{array}{ccc} A_1 & \longrightarrow & EB_m \\ \alpha \big\downarrow & \overset{f}{\to} & \big\downarrow \varrho_m \\ A_2 & \longrightarrow & B_m \end{array}$$

On voit facilement que ϱ_m est équivalent à $\Omega^n \varrho_{m+n}$, $n \geq 0$. Il s'ensuit que $h^m(\alpha)$ a une structure de groupe Abélien naturelle. Le diagramme

$$\begin{array}{ccc} o & \longrightarrow & EB_m \\ \big\downarrow & & \big\downarrow \varrho_m \\ A & \longrightarrow & B_m \end{array}$$

montre que $h^m(o \to A)$ est simplement $\Pi(A, B_m)$. Le diagramme

$$\begin{array}{ccc} A & \longrightarrow & EB_{m+1} \\ \big\downarrow & & \big\downarrow \varrho_{m+1} \\ o & \longrightarrow & B_{m+1} \end{array}$$

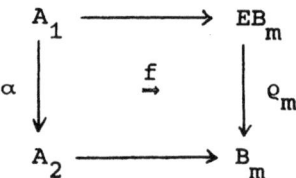

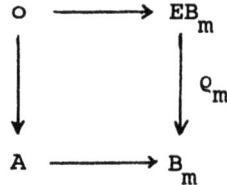

montre que $h^{m+1}(A \to o)$ s'identifie à $\Pi(A, \Omega B_{m+1})$ qui est isomorphe, en vertu de ω_m, à $\Pi(A,B_m)$. On a ainsi une équivalence naturelle ν^m_A: $h^m(o \to A) \cong h^{m+1}(A \to o)$. Des raisonnements classiques en homotopie (voir [8],[9]) montrent que le foncteur gradué $\{h^m\}$, muni de ces ν^m, vérifie les axiomes I, II et III. <u>Ainsi à tout Ω-spectre $\mathcal{L}$ est associé un foncteur cohomologique h tel que</u>

$$h^m(A) = \Pi(A,B_m) \quad , \quad m \in Z.$$

3) <u>Le spectre d'Eilenberg-MacLane</u>.

Rappelons qu'on appelle espace d'Eilenberg-MacLane un espace connexe $K(G,n)$ tel que les groupes d'homotopie π_i, $i \geq 1$, soient

$$\pi_i(K(G,n)) = 0 \quad \text{pour} \quad i \neq n ,$$
$$\cong G \quad \text{pour} \quad i = n .$$

Cette définition est valable pour $n \geq 1$ et G Abélien, pour $n = 1$ aussi pour G non-Abélien. On étend la définition en postulant que $K(G,0)$ soit un espace avec $\pi_i = 0$ pour $i > 0$, et

$$\pi_o\big(K(G,0)\big) = \Pi\big(S_o,K(G,0)\big) \cong G ,$$

ce qui signifie que l'ensemble des composantes connexes par arcs a une structure de groupe naturelle et isomorphe à G (p.ex. $K(G,0) = G$ avec la topologie discrète). Pour tout entier $n \geq 0$ et tout groupe Abélien G (pour $n = 0,1$ aussi pour tout groupe Non-Abélien) ils existent des espaces $K(G,n)$, et mêmes des polyèdres $K(G,n)$, en général infinis. Deux réalisations polyédrales, pour n et G donnés, ont le même type d'homotopie. Comme $\pi_{i+1}\big(K(G,n+1)\big) = \pi_i\big(\Omega K(G,n+1)\big)$ pour tout $n \geq 0$ et $i \geq 0$, $\Omega K(G,n+1)$ est un espace $K(G,n)$, et il existe une application $\omega_n: K(G,n) \to \Omega K(G,n+1)$ induisant des isomorphismes des groupes π_i ; dans le cas de réalisations polyédrales, ω_n est une équivalence d'homotopie.

Soit G un groupe Abélien. <u>Le spectre d'Eilenberg-MacLane</u> relatif à G est donné par

$$B_m = K(G,m) \ , \quad m \geq 0 \ ,$$
$$B_m = o \ , \qquad m < 0 \ ,$$

où on a choisi pour B_m une réalisation polyédrale déterminée de $K(G,m)$ (G comme espace discret pour $n = 0$), et où les ω_m sont les applications $K(G,m) \to K(G,m+1)$ mentionnées ci-dessus, $\omega_m = 0$ pour $m < 0$. Pour le foncteur cohomologique associé $h = \{h^m\}$ on a

$$h^m(A) = \Pi\big(A, K(G,m)\big) \quad \text{pour } m \geq 0 \ ,$$
$$= 0 \qquad \text{pour } m < 0 \ .$$

Les coefficients de cette cohomologie sont donnés par $h^m(S_o) = \pi_o\big(K(G,m)\big) = 0$ pour $m > 0$, $= G$ pour $m = 0$, et $h^m(S_o) = 0$ pour $m < 0$:

$$h^m(S_o) = 0 \ \text{ pour } m \neq 0, \text{ et } \ h^o(S_o) = G \ .$$

L'axiome de <u>dimension</u> est donc vérifié.

4) Spectre unitaire.

On note U le groupe unitaire infini; c'est la limite de la suite de plongements des groupes unitaires $U(n) \to U(n+1)$ correspondants aux inclusions de l'espace vectoriel complexe $\mathbb{C}^n$ dans $\mathbb{C}^{n+1}$ (sous-espace déterminé par les n premiers vecteurs de base). D'après le théorème de périodicité de Bott il existe une équivalence d'homotopie $\omega: U \to \Omega\Omega U$; il s'ensuit immédiatement que $\pi_i(U) \cong \pi_{i+2}(U)$ pour tout $i \geq 0$. Comme $\pi_o(U) = 0$ et $\pi_1(U) = Z$, on connaît donc les $\pi_i(U)$ pour tout $i \geq 0$: ils sont 0 pour i pair et Z pour i impair. (Rappelons que d'après la suite exacte d'homotopie des espaces fibrés, $\pi_i(U) \cong \pi_i(U(n))$ pour $i \leq 2n+1$, et que le théorème de Bott donne ainsi les groupes d'homotopie stables des groupes unitaires $U(n)$).

Le spectre unitaire est défini par

$$B_m = U \quad , \quad \text{si } m \text{ est impair,}$$
$$B_m = \Omega U \quad , \quad \text{si } m \text{ est pair,}$$

et $\omega_m = \omega$ ci-dessus, $U \to \Omega\Omega U$ si m est impair, et $\omega_m = 1: \Omega U \to \Omega U$ si m est pair; c'est donc un Ω-spectre. La cohomologie h^m associée est notée $\tilde{K}^m$; les groupes absolus sont

$$\tilde{K}^m(A) = \Pi(A,U) \quad \text{si } m \text{ est impair,}$$
$$= \Pi(A,\Omega U) \quad \text{si } m \text{ est pair.}$$

On note $\tilde{K}(A)$ le groupe $\Pi(A,\Omega U)$, et l'on a $\tilde{K}^m(A) = \tilde{K}(A)$ si m est pair, $\tilde{K}^m(A) = \Pi(A,U) = \Pi(A,\Omega^2 U) = \Pi(\Sigma A,\Omega U) = \tilde{K}(\Sigma A)$ si m est impair. Les coefficients sont $\tilde{K}^m(S_o) = \pi_o(\Omega U) = \pi_1(U) = Z$ pour m pair et $\tilde{K}^m(S_o) = \pi_o(U) = 0$ pour m impair; en résumé

$$\tilde{K}^m(S_o) = Z \quad \text{pour } m \text{ pair,}$$
$$= 0 \quad \text{pour } m \text{ impair.}$$

5) <u>Spectres généraux. Cohomotopie stable</u>.

Soit $\mathcal{L}$ un spectre qui n'est pas supposé être un Ω-spectre, c.à.d. où les $\omega_m : B_m \to \Omega B_{m+1}$ ne sont pas nécessairement des équivalences d'homotopie. On peut lui associer un foncteur cohomologique h par le procédé suivant (qui, dans le cas des Ω-spectres, coïncide avec celui de 2) ci-dessus); nous nous bornons aux groupes absolus.

Considérons, pour $A \in \mathcal{T}$, la suite d'applications

$$B_m) \xrightarrow{(\omega_m)_*} \Pi(A, \Omega B_{m+1}) \xrightarrow{(\Omega\omega_{m+1})_*} \Pi(A, \Omega^2 B_{m+2}) \to \ldots \to \Pi(A, \Omega^n B_{m+n}) \xrightarrow{(\Omega\omega_{m+n})_*} .$$

Notons qu'à part les premiers membres il s'agit de groupes Abéliens et d'homomorphismes; la limite directe est un groupe Abélien

$$h^m(A) = \varinjlim_n \Pi(A, \Omega^n B_{m+n}) .$$

A partir des propriétés homotopiques bien connues et par passage à la limite directe on vérifie que cette construction fournit un foncteur cohomologique $h = \{h^m\}$.

En vertu de l'identification naturelle $\Pi(A, \Omega B) = \Pi(\Sigma A, B)$, le groupe $h^m(A)$ s'obtient également comme limite directe

$$h^m(A) = \varinjlim_n \Pi(\Sigma^n A, B_{m+n})$$

avec des homomorphismes $\Pi(\Sigma^n A, B_{m+n}) \to \Pi(\Sigma^{n+1} A, B_{m+n+1})$ qui correspondent aux $(\Omega\omega_{m+n})_*$.

<u>Exemple</u>. Soit $\mathcal{L}$ le <u>spectre des sphères</u>: $B_m = S_m$ pour $m \geq 0$, et $B_m = o$ pour $m < 0$. A l'homéomorphisme canonique $\Sigma S_m \to S_{m+1}$ correspond une application $\omega_m : S_m \to \Omega S_{m+1}$, $m \geq 0$; et $\omega_m = 0$ pour $m < 0$. Dans ce cas, le groupe

$$h^m(A) = \lim_{\vec{n}} \Pi(\Sigma^n A, S_{m+n})$$

est la limite directe des "suspensions" $\Pi(\Sigma^n A, S_{m+n}) \to$ $\to \Pi(\Sigma^{n+1} A, S_{m+n+1})$, c.à.d. des homomorphismes qui font correspondre à $\alpha: \Sigma^n A \to S_{m+n}$ l'application $\Sigma\alpha: \Sigma^{n+1} A \to \Sigma S_{m+n} =$ $= S_{m+n+1}$. Le groupe est noté $\pi^m_{stable}(A)$ et appelé m-ième <u>groupe de cohomotopie stable</u> de A.

Si A est un polyèdre fini, la limite $\lim_{\vec{n}} \Pi(\Sigma^n A, S_{m+n})$ est atteinte pour un n fini: en effet, on sait que la suspension $\Pi(\Sigma^n A, S_{m+n}) \to \Pi(\Sigma^{n+1} A, S_{m+n+1})$ est un isomorphisme pour $n \geq \dim A - 2m+2 = n_o$, donc

$$\pi^m_{stable}(A) \cong \Pi\left(\Sigma^{n_o} A, S_{m+n_o}\right)$$

Les coefficients du foncteur cohomologique $\{\pi^m_{stable}\}$ sont donnés par

$$\pi^m_{stable}(S_o) = \pi_n(S_{m+n}), \quad n \geq n_o = 2 - 2m .$$

Ces groupes, les groupes d'homotopie stable des sphères, sont

$$\pi^m_{stable}(S_o) = \begin{cases} Z & \text{si } m = 0 \\ 0 & \text{si } m > 0 \\ \text{groupe fini si} & m < 0 \text{ (Serre [14]).} \end{cases}$$

Chapitre II. Suites spectrales

II.1 Couples exacts. Propriétés générales.

Nous allons donner un résumé sommaire de quelques définitions et résultats relatifs aux couples exacts et aux suites spectrales qu'on leur associe, en nous bornant à ce qui est strictement nécessaire pour la suite. Pour plus de détails, voir p.ex. [8], [9] ou [10].

On appelle <u>suite spectrale</u> une suite de groupes abéliens E_n , $n = 0,1,2,\ldots$ munis chacun d'une différentielle d_n , c.à.d. d'un endomorphisme $d_n : E_n \to E_n$ avec $d_n d_n = 0$, de telle façon que $E_{n+1} \cong d_n^{-1}(0)/d_n E_n$ pour tout $n = 0,1,2,\ldots$ (E_{n+1} est l'homologie de E_n par rapport à d_n). Un cas fréquent de génération d'une suite spectrale se rencontre dans l'étude des couples exacts.

Un <u>couple exact</u> est formé par deux groupes Abéliens D et E et trois homomorphismes α, β, γ tels que la suite

$$D \xrightarrow{\alpha} D \xrightarrow{\beta} E \xrightarrow{\gamma} D \xrightarrow{\alpha} D$$

soit exacte; on écrit cette suite souvent sous forme d'un triangle exact

$$\begin{array}{ccc} D & \xrightarrow{\alpha} & D \\ & {}_{\gamma}\nwarrow \quad \swarrow_{\beta} & \\ & E & \end{array}$$

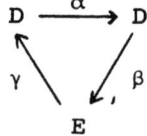

A un tel couple exact on associe la suite de groupes E_n et endomorphismes d_n

$$
\begin{aligned}
E_0 &= E\,, & d_0 &= \beta\gamma\,,\\
E_1 &= \gamma^{-1}\alpha D/\beta\alpha^{-1}(0)\,, & d_1 &= (\beta\alpha^{-1}\gamma)_*\,,\\
&\vdots & &\vdots\\
E_n &= \gamma^{-1}\alpha^n D/\beta\alpha^{-n}(0)\,, & d_n &= (\beta\alpha^{-n}\gamma)_*\,,
\end{aligned}
$$

où α^n est l'itération n-ième de α et α^{-n} son inverse $\left(\alpha^{-n}(0) = \text{noyau de } \alpha^n\right)$. On montre facilement que c'est une suite spectrale. En plus on pose

$$E_\infty = \gamma^{-1}\alpha^\infty D/\beta\alpha^{-\infty}(0)$$

où $\alpha^\infty D = \bigcap_n \alpha^n D$ et $\alpha^{-\infty}(0) = \bigcup_n \alpha^{-n}(0)$.

Rappelons deux propriétés importantes de cette suite spectrale et du groupe E_∞:

1) Si la suite spectrale est <u>dégénérée</u> à partir de l'indice $k \geq 0$, c.à.d. si $d_n = 0$ pour $n \geq k$, alors $E_k \cong E_{k+1} \cong \ldots \cong E_\infty$.

2) Soit Φ un morphisme d'un couple exact dans un autre

Cela veut dire qu'on a un système de deux homomorphismes $\Phi': D \to \bar{D}$ et $\Phi'': E \to \bar{E}$ compatibles avec les $\alpha, \beta, \gamma, \bar{\alpha}, \bar{\beta}, \bar{\gamma}$

($\bar{\gamma}\Phi'' = \Phi'\gamma$ etc.). Alors Φ induit un homomorphisme de la suite spectrale E_n, d_n du premier couple dans celle du second

$$\Phi_*: E_n \to \bar{E}_n \quad \text{avec} \quad \Phi_* d_n = \bar{d}_n \Phi_* \quad \text{pour tout} \quad n \geq 0 \ ,$$

et de E_∞ du premier couple dans $\bar{E}_\infty$ du second

$$\Phi_*: E_\infty \to \bar{E}_\infty \ .$$

Si pour un indice $k \geq 0$, $\Phi_*: E_k \to \bar{E}_k$ est un <u>isomorphisme</u> alors il en est de même pour $\Phi_*: E_n \to \bar{E}_n$, $n \geq k$, et pour $\Phi_*: E_\infty \to \bar{E}_\infty$.

II.2 Cohomologie d'une application composée.

Soit $f: X' \to X$ une application dans $\mathcal{F}$, factorisée en r+1 applications intermédiaires j_p , $f = j_r \cdots j_p j_{p-1} \cdots j_1 j_o$:

$$X_{-1} \xrightarrow{j_o} X_o \to \cdots \to X_{p-1} \xrightarrow{j_p} X_p \to \cdots \to X_{r-1} \xrightarrow{j_r} X_r \ ,$$

où $X_{-1} = X'$, $X_r = X$. Etendons la définition des j_p à tout $p \in Z$ en posant $j_p = 1$ pour $p < 0$ et pour $p > r$; et appelons g_p l'application

$$g_p = j_p j_{p-1} \cdots j_1 j_o: X_{-1} \to X_p \ ,$$

pour $p \geq 0$, et $g_p = 1$ pour $p < 0$. Notons que $g_p = f$ pour $p \geq r$, et $j_p g_{p-1} = g_p$ pour tout $p \in Z$.

Etant donné un foncteur cohomologique $h = \{h^m\}$, considérons, pour tout $p \in Z$, la suite exacte du triple (j_p, g_{p-1})

$$\dots \to h^m(j_p) \to h^m(g_p) \to h^m(g_{p-1}) \xrightarrow{\delta} h^{m+1}(j_p) \to \dots$$

Elle donne une relation entre les $h^m(j_p)$ et les $h^m(g_p)$, et nous allons montrer qu'à l'aide d'une suite spectrale on arrive ainsi à des <u>relations assez précises entre</u> $h^m(f)$ $\left(= h^m(g_p)\,,\ p \geq r\right)$ <u>et les</u> $h^m(j_p)$.

Pour cela, posons $D^{m,p} = h^m(g_p)$ et $E^{m,p} = h^m(j_p)$, et soit D le groupe bigradué $\{D^{m,p}\}$, E le groupe bigradué $\{E^{m,p}\}$, et remarquons que la suite ci-dessus peut s'écrire comme couple exact

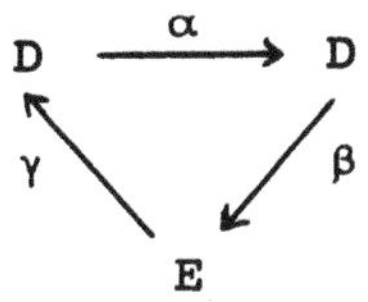

Les homomorphismes α, β, γ sont donnés explicitement par la suite des triples; en particulier. ils sont homogènes de bidegrés (en m et p) indiqués dans le tableau ci-dessous:

	m	p
α	0	-1
β	1	1
γ	0	0

α: $D^{m,p} \to D^{m,p-1}$ est induit par le morphisme $\varphi = \binom{1}{j_p}$

$$\begin{array}{ccc} X_{-1} & \xrightarrow{\;1\;} & X_{-1} \\ {\scriptstyle g_{p-1}}\downarrow & \stackrel{\varphi}{\Longrightarrow} & \downarrow{\scriptstyle g_p} \\ X_{p-1} & \xrightarrow[j_p]{} & X_p \end{array}$$

$\beta\colon D^{m,p-1} \to E^{m+1,p}$ est le δ de la suite du triple (j_p, g_{p-1}) ;
et $\beta\colon E^{m,p} \to D^{m,p}$ est induit par le morphisme
$\psi = \binom{g_{p-1}}{1}$

$$\begin{array}{ccc} X_{-1} & \xrightarrow{\;g_{p-1}\;} & X_{p-1} \\ {\scriptstyle g_p}\downarrow & \stackrel{\psi}{\Longrightarrow} & \downarrow{\scriptstyle j_p} \\ X_p & \xrightarrow[1]{} & X_p \end{array} \quad .$$

A ce couple exact est alors associée une suite spectrale E_o ($= E$), $E_1, E_2, \ldots$ de groupes Abéliens bigradués, la différentielle $d_n = (\beta\alpha^{-n}\gamma)_*$ étant de bidegré $(1, n+1)$ par rapport à m et p respectivement, et un groupe bigradué $E_\infty = \{E_\infty^{m,p}\}$.

Les groupes bigradués D et E du couple ont des propriétés particulières provenant du fait que la factorisation de f est <u>finie</u> (le cas infini, qui ne nous intéresse pas ici, peut être traité de façon analogue, avec quelques complications provenant des passages à la limite, voir p.ex. [9] et [10]) :

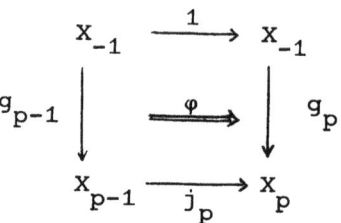

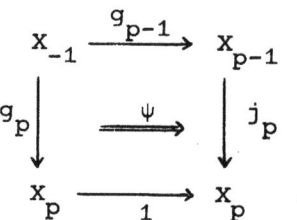

$D^{m,p} = D^{m,r} = h^m(f)$ pour $r \geq p$, et $D^{m,p} = 0$ pour $r < p$; $D = \{D^{m,p}\}$ est donc "stationnaire" pour $p \to \infty$, et cette valeur stationnaire sera notée $F = \{F^m\}$; c'est précisément ce qu'on essaie de "calculer" à partir de $E = \{E^{m,p}\} = \left\{h^m(j_p)\right\}$. Quant à E, on a $E^{m,p} = 0$ pour $p < 0$ et $p > r$; la graduation par rapport à p est donc finie.

Considérons l'itération α^{r-p} de α, effectuée sur $D^{m,r} = F^m$:

$$\alpha^{r-p}: h^m(f) = F^m \longrightarrow h^m(g_p) = D^{m,p} .$$

C'est l'homomorphisme "restriction de f à g_p", induit par le morphisme

$$\begin{array}{ccc} X_{-1} & \longrightarrow & X_{-1} \\ g_p \downarrow & \Longrightarrow & \downarrow f \\ X_p & \xrightarrow[j_r \cdots j_{p+1}]{} & X_r \end{array}$$

pour $p \leq r$ et c'est l'identité pour $p \geq r$. Notons $F^{m[p]}$ le noyau de $\alpha^{r-p}: F^m \to D^{m,p}$; ces sous-groupes forment une <u>filtration décroissante</u> de F^m

$$F^{m[-1]} = F^m \supset F^{m[o]} \supset F^{m[1]} \supset \ldots \supset F^{m[r-1]} \supset F^{m[r]} = 0$$

avec $F^{m[p]} = F^m$ pour $p \leq -1$, et $F^{m[p]} = 0$ pour $p \geq r$ (la filtration est donc <u>finie</u>).

Le théorème fondamental sur la suite spectrale d'un couple exact bigradué dit, dans ce cas simple, que le <u>groupe bigradué</u> E_∞ <u>et la valeur stationnaire</u> $F = \{F^m\}$ sont liés entre eux par les isomorphismes naturels

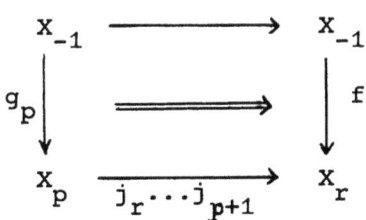

$$E_{\infty}^{m,p} \cong F^{m[p-1]}/F^{m[p]}, \quad p \in Z, \ m \in Z .$$

En théorie des suites spectrales, il est d'usage d'exprimer cet isomorphisme de bidegré (0,0) entre $E_{\infty} = \{E_{\infty}^{m,p}\}$ et $\{\mathcal{G}F^m\} = \{F^{m[p-1]}/F^{[p]}\}$, le "groupe gradué associé à la filtration de $F = \{F^m\}$", par le terme convergence:
"La suite spectrale converge vers $\mathcal{G}F$."

En résumé, il correspond à la factorisation $f = j_r \cdots j_1 j_o$ une suite spectrale E_n, d_n bigraduée, avec $E_o^{m,p} = h^m(j_p)$, qui converge vers $\{\mathcal{G}h^m(f)\}$, où $h^m(f)$ est filtré par $h^m(f)^{[p]}$ = noyau de la restriction α^{r-p} de f à g_p.

II.3 La suite spectrale cohomologique des polyèdres finis.

Pour un polyèdre fini X, de dimension r, notons X_p le squelette de dimension p de X, et j_p l'inclusion $X_{p-1} \to X_p$. Le point-base o de X étant supposé être un sommet $\in X_o$, on peut factoriser l'application $f: o \to X$ de $\mathcal{F}$ en

$$f = j_r \cdots j_p j_{p-1} \cdots j_o :$$

$$X_{-1} = o \to X_o \to X_1 \to \ldots \to X_{p-1} \to X_p \to \ldots \to X_{r-1} \to X_r = X$$

Etant donné un foncteur cohomologique $h = \{h^m\}$, il existe alors, selon II.2, une suite spectrale E_n, d_n bigraduée et un groupe bigradué E_{∞}, ayant les significations et propriétés suivantes:

1) $E_o^{m,p} = h^m(j_p) \cong h^m(X_p/X_{p-1})$ par l'isomorphisme d'excision;

2) $h^m(f) = h^m(o \to X) = h^m(X)$ est filtré par les noyaux $h^m(X)^{[p]}$ de l'homomorphisme de restriction $h^m(X) \to$ $\to h^m(X_p)$ (c.à.d. induit par l'inclusion $X_p \to X$);

3) $E_\infty^{m,p} \cong h^m(X)^{[p-1]}/h^m(X)^{[p]}$.

En plus de ces informations générales tirées de II.2 on peut préciser E_o et E_1: Le quotient X_p/X_{p-1} est un bouquet de sphères $\bigvee_i S_p^{(i)}$, chaque sphère S_i correspondant à une cellule à p dimensions de X (supposée orientée de façon arbitraire mais fixe). Tout élément de $E_o^{m,p} = h^m(X_p/X_{p-1}) =$ $= h^m\left(\bigvee_i S_p^{(i)}\right) = \bigoplus_i h^m\left(S_p^{(i)}\right)$ est donc une fonction qui à toute p-cellule de X attache un élément bien déterminé de $h^m(S_p)$. En d'autres termes: $E_o^{m,p}$ est le groupe des p-cochaînes de X à coefficients dans $h^m(S_p) \cong h^{m-p}(S_o)$; ce groupe est noté $\tilde{C}^p\left(X;h^{m-p}(S_o)\right)$ (il s'agit de cochaînes <u>réduites</u> puisque $\tilde{C}^o\left(X;h^m(S_o)\right)$ prend la valeur 0 sur le point-base $o \in X_o$). On a donc

$$E_o^{m,p} \cong \tilde{C}^p\left(X;h^{m-p}(S_o)\right) .$$

De plus, la différentielle d_o applique $E_o^{m,p}$ dans $E_o^{m+1,p+1}$, c.à.d. $\tilde{C}^p\left(X;h^{m-p}(S_o)\right)$ dans $\tilde{C}^{p+1}\left(X;h^{m-p}(S_o)\right)$, et une vérification facile montre que c'est le <u>cobord cellulaire</u> (ou simplicial) du polyèdre X . Par conséquent on a

$$E_1^{m,p} \cong \tilde{H}^p_{cell.}\left(X;h^{m-p}(S_o)\right) ,$$

la cohomologie cellulaire du polyèdre - qui, de cette façon, apparaît comme <u>première approximation</u> pour $h^m(X)$, quel que soit le foncteur cohomologique $h = \{h^m\}$. - Pour $p > 0$, $\tilde{H}^p = H^p$, et pour $p < 0$, $\tilde{H}^p = 0$.

Les différentielles d_n de la suite spectrale ont le bidegré $(1,n+1)$ par rapport à m et p respectivement. On en déduit en particulier, le polyèdre X étant fini, que les différentielles d_n sont 0 à partir d'un certain $n = k$; la suite spectrale est <u>dégénérée</u> et $E_k \cong E_{k+1} \cong \ldots \cong E_\infty$.

<u>Application 1</u>. Considérons une cohomologie vérifiant <u>l'axiome de dimension</u> $h^m(S_o) = 0$ pour $m \neq p$.

Dans la suite spectrale on a $E_1^{m,p} = H^p_{cell.}\left(X;h^{m-p}(S_o)\right) = 0$ pour $m \neq p$, et $E_1^{m,m} = H^m_{cell.}\left(X;h^o(S_o)\right)$ ($\tilde{H}^m$ pour $m = o$). Pour des raisons évidentes de bidegré, toutes les différentielles d_n, $n \geq 1$, sont 0, et on a $E_\infty = E_1$,

$$E_\infty^{m,p} = 0 \text{ pour } m \neq p \text{ ; } E_\infty^{m,m} = H^m_{cell.}\left(X;h^o(S_o)\right).$$

L'isomorphisme $E_\infty^{m,p} \cong h^m(X)^{[p-1]}/h^m(X)^{[p]} = 0$ pour $m \neq p$, combiné avec $h^m(X)^{[-1]} = h^m(X)$ et $h^m(X)^{[r]} = 0$ entraîne

$$\begin{aligned} h^m(X) &= h^m(X)^{[p]} \quad \text{pour } p < m, \\ 0 &= h^m(X)^{[p]} \quad \text{pour } p > m, \end{aligned}$$

et

$$h^m(X) \cong H^m_{cell.}\left(X;h^o(S_o)\right)$$

pour tout $m > 0$ ($\tilde{H}^m$ pour $m = 0$, 0 pour $m < 0$ et $m > r$).

Ce résultat est le <u>théorème d'unicité</u> pour la cohomologie vérifiant l'axiome de dimension, valable pour les <u>polyèdres finis</u>. Comme la cohomologie singulière, et la cohomologie homotopique associée au spectre d'Eilenberg-MacLane, vérifient l'axiome de dimension on a donc

$$H^m_{cell.}(X;G) \cong H^m(X;G) \cong \Pi\big(X, K(G,m)\big)$$

pour tout $m > 0$ ($\tilde{H}^m$ pour $m = o$) et tout polyèdre fini. Nous écrirons H^m dans la suite sans spécifier laquelle de ces trois théories est en jeu.

<u>Application 2</u>. La cohomologie $\tilde{K}^m$ décrite plus haut a les coefficients $\tilde{K}^m(S_o) = Z$ pour m pair et 0 pour m impair. La suite spectrale "commence" par

$$E_1^{m,p} = \begin{cases} H^p(X;Z) & \text{pour } m-p \text{ pair}, \\ 0 & \text{pour } m-p \text{ impair}, \end{cases}$$

et "converge" vers $E_\infty^{m,p} = \tilde{K}^m(X)^{[p-1]}/\tilde{K}^m(X)^{[p]}$. On sait que les groupes $H^p(X;Z)$ sont de type fini pour les polyèdres finis. La filtration de $\tilde{K}^m(X)$ étant finie, on voit aisément que <u>les groupes $\tilde{K}^m(X)$ d'un polyèdre fini X sont de type fini</u>.

II.4 Le caractère d'un foncteur cohomologique.

On appelle transformation d'un foncteur cohomologique $h = \{h^m, \nu^m\}$ dans un autre $\bar{h} = \{\bar{h}^m, \bar{\nu}^m\}$ une transformation naturelle t du foncteur gradué $\{h^m\}$ dans $\{\bar{h}^m\}$, compatible avec les équivalences $\nu^m: h^m(o \to A) \cong h^{m+1}(A \to o)$ et $\bar{\nu}^m: \bar{h}^m(o \to A) \cong \bar{h}^{m+1}(A \to o)$, $A \in \mathcal{Y}$. Supposons t de degré 0 (c.à.d., pour tout $\alpha \in \mathcal{Y}^2$, t_α applique $h^m(\alpha)$ dans $\bar{h}^m(\alpha)$, $m \in Z$); on voit facilement que ce n'est pas une restriction de la généralité.

Une transformation t de h dans $\bar{h}$ induit des homomorphismes de toutes les suites exactes etc. relatives à h, dans celles relatives à $\bar{h}$.

Théorème 1. Soit t une transformation du foncteur cohomologique h dans $\bar{h}$. Si t est un isomorphisme sur la sphère S_o,

$$t_{S_o}: h^m(S_o) \cong \bar{h}^m(S_o) \quad , \quad m \in Z ,$$

alors t est un isomorphisme sur tout polyèdre fini (une équivalence).

Démonstration. Soit X un polyèdre fini, $E_n = \{E_n^{m,p}\}$ la suite spectrale du polyèdre X pour le foncteur h (voir II.3), et $\bar{E}_n = \{\bar{E}_n^{m,p}\}$ celle pour $\bar{h}$, $0 \leq n \leq \infty$. La transformation t induit un morphisme du couple exact qui est à la base de E_n dans le couple exact de $\bar{E}_n$, et par conséquent des homomorphismes de E_n dans $\bar{E}_n$, $0 \leq n \leq \infty$, compatibles avec les différentielles d_n et $\bar{d}_n$, $0 \leq n < \infty$; notons t_X tous ces homomorphismes.

$$t_X\colon E_1^{m,p} = H^p\left(X; h^{m-p}(S_o)\right) \to \bar{E}_1^{m,p} = H^p\left(X; \bar{h}^{m-p}(S_o)\right)$$

n'est autre que l'homomorphisme induit par l'homomorphisme des coefficients $t_{S_o}\colon h^{m-p}(S_o) \to \bar{h}^{m-p}(S_o)$, donc un <u>isomorphisme</u>. Dans ce cas, on sait (cf.II.1) que $t_X\colon E_\infty^{m,p} \to \bar{E}_\infty^{m,p}$ est un isomorphisme. Il s'ensuit donc que

$$t_X\colon h^m(X)^{[p-1]}/h^m(X)^{[p]} \longrightarrow \bar{h}^m(X)^{[p-1]}/h^m(X)^{[p]}$$

est un isomorphisme pour tout $m \in Z$, $p \in Z$. En particulier, en tenant compte du fait que la filtration est finie $\left(h^m(X)^{[p]} = 0 \text{ pour } p \geq r, \text{ et } h^m(X)^{[p]} = h^m(X) \text{ pour } p < 0\right)$, on a des isomorphismes

$$t_X\colon h^m(X)^{[r-1]} \cong \bar{h}^m(X)^{[r-1]} ,$$

$$t_X\colon h^m(X)^{[r-2]}/h^m(X)^{[r-1]} \cong \bar{h}^m(X)^{[r-2]}/\bar{h}^m(X)^{[r-1]}$$

et d'après le lemme des cinq, $t_X\colon h^m(X)^{[r-2]} \to \bar{h}^m(X)^{[r-2]}$ est également un isomorphisme. En continuant de cette façon, on arrive à un isomorphisme

$$t_X\colon h^m(X) \cong \bar{h}^m(X) .$$

<u>Théorème 2</u>. <u>Soit h un foncteur cohomologique dont les coefficients $h^m(S_o)$ sont des modules sur le corps $\mathcal{Q}$ des nombres rationnels. Alors il existe une transformation</u> t,

$$t_X\colon \bigoplus_{r+s=m} \pi^r_{\text{stable}}(X) \otimes h^s(S_o) \to h^m(X)$$

<u>qui est un isomorphisme sur tout polyèdre fini X</u>.

<u>Démonstration</u>. Pour $r \in Z$ et n suffisamment grand, considérons une application $g: \Sigma^n X \to S_{r+n}$, représentant un élément de $\pi^r_{stable}(X)$, et un élément $f \in h^{s+r+n}(S_{r+n}) \cong \cong h^s(S_o)$. Alors $g^*(f) \in h^{s+r+n}(\Sigma^n X) = h^{s+r}(X)$ est additif en f et en g (comme on voit aisément en tenant compte du fait que l'addition pour g et pour $g^*(f)$ peut se définir à l'aide de la suspension Σ^n). Le passage $g,f \rightsquigarrow g^*(f)$ définit donc un homomorphisme de $\pi^r_{stable}(X) \otimes h^s(S_o)$ dans $h^{s+r}(X)$. En combinant ces homomorphismes pour tous les r et s avec $r + s = m$ on obtient

$$t_X : \bigoplus_{r+s=m} \pi^r_{stable}(X) \otimes h^s(S_o) \longrightarrow h^m(X) .$$

Notons que $\tilde{h}^m(X) = \bigoplus_{r+s=m} \pi^r_{stable}(X) \otimes h^s(S_o)$ définit un foncteur cohomologique $\tilde{h}$ (la propriété d'exactitude est conservée dans $\otimes h^s(S_o)$ puisque les $h^s(S_o)$ sont supposés être des $\mathbb{Q}$-modules!). On a donc, sur les polyèdres finis, une transformation t de $\tilde{h}$ dans h ; sur S_o, on a $\tilde{h}^m(S_o) = h^m(S_o)$, les groupes $\pi^r_{stable}(S_o)$ étant finis pour $r \neq 0$ et $= Z$ pour $r = 0$, et t_{S_o} est l'identité de $h^m(S_o)$, $m \in Z$. D'après le théorème 1, t est donc un isomorphisme sur tout polyèdre fini.

<u>Remarque</u>. Si h est donné par un Ω-spectre (B_m, ω_m), l'opération qui passe de $g \in \pi^r_{stable}(X)$ et $f \in h^s(S_o)$ à $g^*(f) \in h^{r+s}(X)$ est donnée simplement par la composition

$$\Sigma^n X \xrightarrow{\ g\ } S_{r+n} \xrightarrow{\ f\ } B_{s+r+n} .$$

<u>Corollaire 1</u>. <u>Si les coefficients</u> $h^m(S_o)$ <u>d'un foncteur cohomologique h sont des $\mathcal{Q}$-modules, alors h est déterminé sur les polyèdres finis par ses coefficients</u>.

Plus précisément, si $\bar{h}$ est un foncteur cohomologique avec $\bar{h}^m(S_o) \cong h^m(S_o)$, $m \in Z$, il existe sur les polyèdres finis X une transformation $T: h \to \bar{h}$ qui est une équivalence:

$$T_X: h^m(X) \cong \bar{h}^m(X) \;;$$

il suffit de considérer la transformation t du théorème 2 et l'analogue $\bar{t}$ pour $\bar{h}$, et de poser

$$T = \bar{t} \circ t^{-1} .$$

De façon plus générale, on a le

<u>Corollaire 2</u>. <u>Soient h et $\bar{h}$ deux foncteurs cohomologiques dont les coefficients sont des $\mathcal{Q}$-modules, et T une transformation</u> $h \to \bar{h}$. <u>Alors T est complètement déterminée, sur les polyèdres finis X, par</u> $T_{S_o}: h^m(S_o) \to \bar{h}^m(S_o)$.

En effet, soient $g \in \pi^r_{stable}(X)$, $g: \Sigma^n X \to S_{r+n}$, et $f \in h^{s+r+n}(S_{r+n}) \cong h^s(S_o)$; on a alors pour $g^*(f) \in h^{r+s}(X)$

$$T_X\big(g^*(f)\big) = g^* T_{S_o}(f) \in \bar{h}^{r+s}(X) .$$

Comme les éléments de $h^m(X)$ sont représentés, en vertu du Théorème 2, par des sommes d'éléments $g^*(f)$ avec $r + s = m$, on voit ainsi que T_X est complètement déterminé par T_{S_o}.

<u>Théorème 3</u>. <u>Soient h et $\bar{h}$ deux foncteurs cohomologiques, et supposons que les coefficients $\bar{h}^m(S_o)$ de $\bar{h}$ sont des $\mathfrak{Q}$-modules; et soit φ un homomorphisme du groupe gradué $h^m(S_o)$ dans $\bar{h}^m(S_o)$. Il existe alors une transformation $T: h \to \bar{h}$ définie sur les polyèdres finis et se réduisant sur S_o à φ, et une seule</u>.

<u>Démonstration</u>. Considérons les transformations $\bar{t}, t, \tau$ et σ suivantes:

a) $\bar{t}_X: \bigoplus_{r+s=m} \pi^r_{stable}(X) \otimes \bar{h}^s(S_o) \to \bar{h}^m(X)$ (d'après le théorème 2).

b) $t_X: \bigoplus_{r+s=m} \pi^r_{stable}(X) \otimes h^s(S_o) \otimes \mathfrak{Q} \to h^m(X) \otimes \mathfrak{Q}$

(d'après le théorème 2, appliqué au foncteur cohomologique $h \otimes \mathfrak{Q}$; les coefficients $h^m(S_o) \otimes \mathfrak{Q}$ sont des $\mathfrak{Q}$-modules).

c) $\tau_X: h^m(X) \to h^m(X) \otimes \mathfrak{Q}$, donné par $\tau_X(f) = f \otimes 1$, $f \in h^m(X)$.

d) $\sigma_X: \bigoplus_{r+s=m} \pi^r_{stable}(X) \otimes h^s(S_o) \otimes \mathfrak{Q} \longrightarrow \bigoplus_{r+s=m} \pi^r_{stable}(X) \otimes \bar{h}^s(S_o)$,

donné par $\sigma_X(g \otimes f \otimes 1) = g \otimes \varphi(f)$, $g \in \pi^r_{stable}(X)$, $f \in h^s(S_o)$.

Posons ensuite, $\bar{t}$ et t étant des <u>équivalences</u> pour les polyèdres finis X, $T_X = \bar{t}_X \circ \sigma_X \circ t_X^{-1} \circ \tau_X$:

$$\begin{array}{ccccc}
h^m(X) & \xrightarrow{\tau_X} & h^m(X)\otimes \mathbb{Q} & \xrightarrow{t_X^{-1}} & \bigoplus_{r+s=m} \pi^r_{stable}(X)\otimes h^s(S_o)\otimes \mathbb{Q} \\
 & \searrow^{T_X} & \downarrow{\scriptstyle T'_X} & & \downarrow{\scriptstyle \sigma_X} \\
 & & \bar{h}^m(X) & \xleftarrow{\bar{t}_X} & \bigoplus_{r+s=m} \pi^r_{stable}(X)\otimes \bar{h}^s(S_o)
\end{array}$$

Pour la transformation $T: h \to \bar{h}$ ainsi obtenue, on a $T_{S_o} =$ $= \bar{t}_{S_o}\circ\sigma_{S_o}\circ t_{S_o}^{-1}\circ\tau_{S_o} = \sigma_{S_o}\circ\tau_{S_o}: h^m(S_o) \to h^m(S_o)\otimes\mathbb{Q}\to\bar{h}^m(S_o)$, $\bar{t}_{S_o}$ et t_{S_o} étant des identités. Or $\sigma_{S_o}\big(\tau_{S_o}(f)\big) = \sigma_{S_o}(f\otimes 1) =$ $= \varphi(f)$ pour tout $f \in h^m(S_o)$, c.à.d. $T_{S_o} = \varphi$.

Pour l'unicité, il suffit de remarquer que $T = T'\circ\tau$ où T'_X est donnée par $T'_X(g\otimes 1) = T_X(g)$ (voir le diagramme ci-dessus). Or $T'_X = \bar{t}_X\circ\sigma_X\circ t_X^{-1}$ est déterminée complètement par T'_{S_o} (Corollaire 2) qui est donné par $T'_{S_o}(f\otimes 1) = \sigma_{S_o}(f\otimes 1) =$ $= \varphi(f)$. Ainsi T est déterminée par φ.

Application. Soit h un foncteur cohomologique arbitraire, et considérons la cohomologie $\bar{h}$ donnée par

$$\bar{h}(X) = \bigoplus_{r+s=m} H^r\big(X; h^s(S_o)\otimes\mathbb{Q}\big)$$

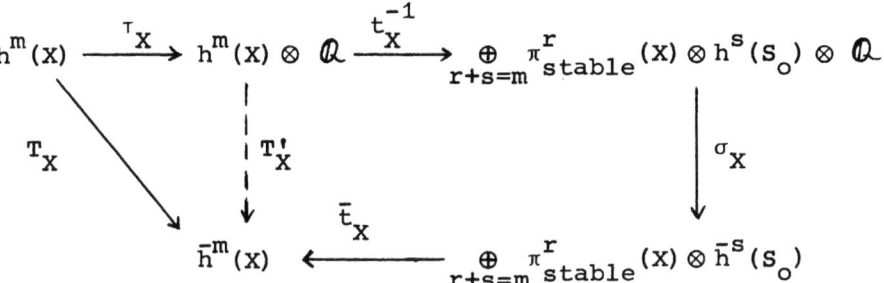

Les coefficients de $\bar{h}$ sont $\bar{h}^m(S_o) = h^m(S_o)\otimes\mathbb{Q}$, $m\in Z$. Soit $\varphi: h^m(S_o) \to h^m(S_o)\otimes\mathbb{Q}$ donné par $\varphi(f) = f\otimes 1$, $f\in h^m(S_o)$. D'après le théorème 3, il existe une transformation $T: h\to\bar{h}$, et une seule, telle que $T_{S_o} = \varphi$; on l'appelle le caractère de h, et nous le noterons χ . Ecrivons $\chi \otimes \mathbb{Q}$ pour la transformation $h \otimes \mathbb{Q} \to \bar{h}$ donnée par

$$(\chi \otimes \mathbb{Q})_X (f \otimes 1) = \chi(f) \quad , \quad f \in h^m(X) \ .$$

On constate que $\chi \otimes \mathbb{Q}$ est un isomorphisme sur S_o , donc une équivalence sur les polyèdres finis, et on a factorisé le caractère χ en

$$\chi = (\chi \otimes \mathbb{Q}) \circ \tau : h \to h \otimes \mathbb{Q} \xrightarrow{\cong} \bar{h}$$

En résumé:

Théorème 4. Pour toute cohomologie h il existe, sur les polyèdres finis, une et une seule transformation χ, appelée caractère de X

$$\chi_X : h^m(X) \to \bigoplus_{r+s=m} H^r(X; h^s(S_o) \otimes \mathbb{Q})$$

qui se réduit sur S_o à l'homomorphisme $f \to f \otimes 1$ de $h^m(S_o)$ dans $h^m(S_o) \otimes \mathbb{Q}$. Le caractère χ ne diffère de l'homomorphisme $g \rightsquigarrow g \otimes 1$ de $h^m(X)$ dans $h^m(X) \otimes \mathbb{Q}$ que par l'équivalence $\chi \otimes \mathbb{Q}$

$$(\chi \otimes \mathbb{Q})_X : h^m(X) \otimes \mathbb{Q} \cong \bigoplus_{r+s=m} H^r(X; h^s(S_o) \otimes \mathbb{Q}) \ .$$

La différence entre une cohomologie arbitraire h et la cohomologie ordinaire H ne se manifeste essentiellement que dans les <u>éléments de torsion</u>. Les nombres de Betti du polyèdre fini X permettent de calculer le <u>rang</u> de $h^m(X)$ pour tout m.

<u>Exemple</u>. Le caractère de la $\tilde{K}$-théorie.

Les coefficients du foncteur cohomologique $\tilde{K}$ sont $\tilde{K}^m(S_o) = Z$ si m est pair, $= 0$ si m est impair. Le caractère χ est donc, dans ce cas, donné sur les polyèdres finis X par des homomorphismes

$$\chi_X : \tilde{K}^m(X) \longrightarrow \bigoplus_{r \text{ pair}} \tilde{H}^r(X;\mathbb{Q}) \qquad \text{si } m \text{ est pair,}$$

$$\tilde{K}^m(X) \longrightarrow \bigoplus_{r \text{ impair}} \tilde{H}^r(X;\mathbb{Q}) \qquad \text{si } m \text{ est impair;}$$

rappelons que $\tilde{H}^r = H^r$ excepté pour $r = 0$. Le produit tensoriel avec $\mathbb{Q}$ donne des isomorphismes

$$\tilde{K}^m(X) \otimes \mathbb{Q} \cong \bigoplus_{r \text{ pair}} \tilde{H}^r(X;\mathbb{Q}) \qquad \text{si } m \text{ est pair,}$$

$$\tilde{K}^m(X) \otimes \mathbb{Q} \cong \bigoplus_{r \text{ impair}} \tilde{H}^r(X;\mathbb{Q}) \qquad \text{si } m \text{ est impair.}$$

En remplaçant X par X^+, on obtient la K-théorie non réduite $K^m(X) = \tilde{K}^m(X^+)$ et ce qui vient d'être dit reste valable si on enlève les ~ sur les K et les H. On note K^* la somme directe $K^o \oplus K^1$

$$K^*(X) = K^o(X) \oplus K^1(X) ,$$

et $H^*(X;\mathbb{Q})$ la somme directe $\bigoplus_{r=o}^{\infty} H^r(X;\mathbb{Q})$. Le caractère χ devient alors une transformation de K^* dans $H^*(\ ;\mathbb{Q})$ qui respecte la parité des dimensions et telle que $\chi\otimes\mathbb{Q}$ est une <u>équivalence de</u> $K^*\otimes\mathbb{Q}$ <u>avec</u> $H^*(\ ;\mathbb{Q})$. Notons en particulier que le rang du groupe $K^o(X)$ est égal à la dimension sur de $K^o(X)\otimes\mathbb{Q}$ $\big(K^o(X)$ étant de type fini$\big)$, donc à $\dim_{\mathbb{Q}} \bigoplus_{r \text{ pair}} H^r(X;\mathbb{Q})$ = somme des nombres de Betti B_r de X dans les dimensions r paires:

$$\text{rang } K^o(X) = \sum_{r \text{ pair}} B_r \ ;$$

et de même

$$\text{rang } K^1(X) = \sum_{r \text{ impair}} B_r \ .$$

II.5 Le caractère de la K-théorie sur les polyèdres sans torsion.

On envisage ici la K-théorie non réduite, $K^m(X) = \tilde{K}^m(X^+)$. Comme à la fin de la section précédente, il suffit de considérer K^o et K^1, c.à.d. $K^*(X) = K^o(X) \oplus K^1(X)$. Le caractère χ est une transformation de K^* dans $H^*(\ ;\mathbb{Q}) = \bigoplus_r H^r(\ ;\mathbb{Q})$, défini sur les polyèdres finis X et induisant l'isomorphisme $K^*(X)\otimes\mathbb{Q} \cong H^*(X;\mathbb{Q})$; il applique $K^o(X)$ dans $\bigoplus_{r \text{ pair}} H^r(X;\mathbb{Q})$ et $K^1(X)$ dans $\bigoplus_{r \text{ impair}} H^r(X;\mathbb{Q})$. Nous écrivons ici χ pour χ_X.

Soit $E_n^{m,p}$, $n = 0,1,\dots,\infty$ la suite spectrale cohomologique relative à $K^m(X)$ (cf. II.3). On a

$$E_1^{m,p} = H^p\big(X; K^{m-p}(S_o)\big) = H^p(X;Z) \quad \text{si } m-p \text{ est pair,}$$
$$= 0 \quad \text{si } m-p \text{ est impair.}$$

En posant $E_n^{*,p} = E_n^{o,p} \oplus E_n^{1,p}$ on a donc

$$E_1^{*,p} = H^p(X;Z) \quad \text{pour tout } p \in Z ,$$

et $E_n^{*,p}$ converge vers $\mathcal{G}K^*(X)$, c.à.d. $E_\infty^{*,p} \cong K^*(X)^{[p-1]}/K^*(X)^{[p]}$.

De façon analogue, considérons la suite spectrale $\bar{E}_n^{m,p}$ relative à $H^m(X;\mathbb{Q})$, et posons $\bar{E}_n^{*,p} = \underset{m=o}{\oplus} \bar{E}_n^{m,p}$. On a alors (cf. II.3)

$$\bar{E}_1^{*,p} = H^p(X;\mathbb{Q})$$

et on sait que cette suite spectrale est dégénérée ($\bar{d}_n = 0$ pour $n \geq 1$, $\bar{E}_\infty^{*,p} = \bar{E}_1^{*,p} = H^p(X;\mathbb{Q})$).

Le caractère χ: $K^*(X) \to H^*(X;\mathbb{Q})$ induit une application, notée simplement χ, de la suite spectrale $E_n^{*,p}$ dans $\bar{E}_n^{*,p}$. Pour $n = 1$, ce n'est autre que l'homomorphisme $H^p(X;Z) \to$ $\to H^p(X;\mathbb{Q})$ induit par le plongement des coefficients $Z \to \mathbb{Q}$.

Supposons maintenant que le polyèdre X soit <u>sans torsion</u>, c.à.d. que les groupes $H^m(X;Z)$ n'aient pas de torsion; ce sont donc des groupes Abéliens libres. Alors $H^p(X;\mathbb{Q}) \cong$ $\cong H^p(X,Z) \otimes \mathbb{Q}$, et $H^p(X;Z) \to H^p(X;\mathbb{Q})$ est le <u>monomorphisme</u> canonique $a \rightsquigarrow a \otimes 1$, $a \in H^p(X;Z)$. Il s'ensuit que la suite spectrale $E_n^{*,p}$ est également dégénérée: En effet,

$$\chi d_1 = \bar{d}_1 \chi = 0 ,$$

donc $d_1 = 0$ et $E_2^{*,p} = E_1^{*,p}$, et $\chi\colon E_2^{*,p} \to \bar{E}_2^{*,p}$ est un monomorphisme; d'où $d_2 = 0$, etc. Finalement on voit que $\chi\colon E_\infty^{*,p} \to \bar{E}_\infty^{*,p}$ est identique au monomorphisme $E_1^{*,p} \to \bar{E}_1^{*,p}$. Il en résulte que χ induit un monomorphisme de $K^*(X)^{[p-1]}/K^*(X)^{[p]}$ dans $H^*(X;\mathbb{Q})$, l'image étant $\chi(E_\infty^{*,p}) = \chi(E_1^{*,p}) = H^p(X;Z)$ considérée comme sous-groupe de $H^p(X;\mathbb{Q})$. En résumé:

Théorème 1. Si le polyèdre fini X est sans torsion, le caractère χ de la K-théorie induit un isomorphisme de $K^*(X)^{[p-1]}/K^*(X)^{[p]}$ sur le sous-groupe $H^p(X;Z)$ de $H^p(X;\mathbb{Q})$, pour tout $p \in Z$.

Pour tout $z \in K^*(X)$, posons

$$\chi(z) = \chi_o(z) + \chi_1(z) + \dots , \quad \chi_i(z) \in H^i(X;\mathbb{Q}) .$$

D'après le théorème 1 ci-dessus, χ est un monomorphisme de $K^*(X)^{[p-1]}/K^*(X)^{[p]}$ dans $H^p(X;\mathbb{Q})$. On a donc, pour $z \in K^*(X)^{[p-1]}$, $\chi_o(z) = \dots = \chi_{p-1}(z) = 0$, et $\chi_p(z) = 0$ si et seulement si $z \in K^*(X)^{[p]}$. On en déduit que $z \in K^*(X)^{[p-1]}$ si et seulement si $\chi_i(z) = 0$, $i \leq p-1$. L'isomorphisme $K^*(X)^{[p-1]}/K^*(X)^{[p]} \cong H^*(X;Z) \subset H^*(X;\mathbb{Q})$ est donc donné par la composante $\chi_p(z)$, pour $z \in K^*(X)^{[p-1]}$, et cette première composante est toujours "entière", c.à.d. $\in H^p(X;Z)$. Pour tout $a_p \in H^p(X;Z)$, il existe un $z \in K^*(X)^{[p-1]}$, et modulo $K^*(X)^{[p]}$ un seul, tel que $\chi_p(z) = a_p$. En résumé:

Théorème 2. _Les éléments $z \in K^*(X)^{[p-1]}$ sont caractérisés par_ $\chi_o(z) = \ldots = \chi_{p-1}(z) = 0$. _La première composante non nulle_ $\chi_p(z)$ _de_ $\chi(z)$, $z \in K^*(X)$, _est toujours dans_ $H^p(X;Z) \subset H^p(X;\mathbb{Q})$, _et pour tout_ $a_p \in H^p(X;Z)$ _il existe un_ $z \in K^*(X)$ _tel que_ $\chi(z) = a_p + \chi_{p+1}(z) + \ldots$ (z _est dans_ $K^*(X)^{[p-1]}$, _et il est déterminé mod_ $K^*(X)^{[p]}$ _par_ a_p).

Corollaires. 1) $\chi: K^*(X) \to H^*(X;\mathbb{Q})$ _est un monomorphisme_. 2) $K^*(X)$ _est un groupe Abélien libre_.

En effet, $\chi(z) = 0$ pour $z \in K^*(X)$ entraîne $\chi_p(z) = 0$ pour tout p, donc $z \in K^*(X)^{[q]}$ pour tout q ; donc $z = 0$, ce qui établit 1). Pour 2) il suffit de rappeler que $K^*(X)$ est de type fini. Etant isomorphe à un sous-groupe de $H^*(X;\mathbb{Q})$, $K^*(X)$ ne peut pas avoir de torsion.

B. Eckmann

Chapitre III. K-théorie et classes de Chern

III.1 Fibrés vectoriels complexes.

Nous allons établir la relation entre le foncteur cohomologique K et les classes caractéristiques des fibrés complexes. Nous utiliserons plusieurs notions et résultats relatifs aux fibrés complexes et aux classes de Chern, tels qu'ils sont exposés p.ex. dans le cours de van de Ven et dans celui de E. Thomas (pour le cas réel), du présent cycle CIME.

Par un d-fibré sur le polyèdre fini X nous entendrons ici un fibré vectoriel complexe de base X , la fibre étant un espace vectoriel complexe C^d de dimension d . Le théorème de classification des d-fibrés exprime qu'il existe une correspondance bi-univoque entre les classes d'isomorphie des d-fibrés sur X et les classes d'homotopie des applications $\Pi(X,G_d)$ de X dans un certain espace G_d (espace classifiant pour les d-fibrés). Cet espace G_d est la limite directe des plongements $G_{d,m} \to G_{d,m+1}$, $m > d$, des Grassmanniennes $G_{d,m}$ (= variété des d-plans complexes dans C^m); ces plongements sont donnés par l'inclusion $C^m \to C^{m+1}$ comme sous-espace défini par les m premières coordonnées de C^{m+1} . Il existe un plongement de $G_{d,m}$ dans $G_{d+1,m+1}$: on place C^m dans C^{m+1} comme sous-espace défini par les m dernières coordonnées de C^{m+1}; à un d-plan dans C^m on associe ainsi un d-plan dans C^{m+1}, et l'on considère le (d+1)-plan défini par ce d-plan et le premier axe de C^{m+1}. Le diagramme

$$\begin{array}{ccccccc}
G_{d,m} & \longrightarrow & G_{d,m+1} & \longrightarrow & \cdots & \longrightarrow & G_d \\
\downarrow & & \downarrow & & & & \vdots \\
G_{d+1,m+1} & \longrightarrow & G_{d+1,m+2} & \longrightarrow & \cdots & \longrightarrow & G_{d+1}
\end{array}$$

est alors commutatif et induit un plongement $G_d \to G_{d+1}$. La limite directe de la suite $G_d \to G_{d+1} \to G_{d+2} \to \dots$ est un espace B_U .

L'application $\Pi(X,G_d) \to (X,G_{d+1})$ induite par $G_d \to G_{d+1}$ associe à un d-fibré $\xi \in \Pi(X,G_d)$ un (d+1)-fibré qui est la somme directe de ξ et d'un 1-fibré trivial. Par passage à la limite on associe à $\xi \in \Pi(X,G_d)$ un élément bien déterminé de $\Pi(X,B_U)$. Réciproquement, un élément de $\Pi(X,G_d)$ détermine toute une classe de fibrés (de dimensions d différentes); $\xi \in \Pi(X,G_d)$ et $\xi' \in \Pi(X,G_{d'})$ appartiennent à la même classe s'il existe deux fibrés triviaux ε et ε' tels que les sommes directes $\xi \oplus \varepsilon$ et $\xi' \oplus \varepsilon'$ soient isomorphes. Une telle classe de fibrés est dite un <u>fibré stable</u> et notée $[\xi]$, ξ étant un représentant arbitraire.

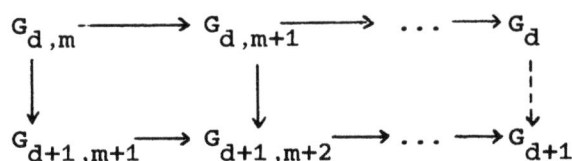

D'après le résultat de Bott, il existe une équivalence d'homotopie (faible) $B_U \to \Omega(SU)$, SU désignant le groupe unitaire unimodulaire infini, limite directe des plongements canoniques $SU(n) \to SU(n+1)$; de façon analogue, U désigne le groupe unitaire infini, et on sait que toplologiquement U est le produit $SU \times S_1$. Il existe, par conséquent, une équivalence d'homotopie (faible) $B_U \times \Omega S_1 \to \Omega SU \times \Omega S_1 = \Omega U$. Comme on sait, ΩS_1 a le type d'homotopie de l'espace discret Z (les composantes connexes par arcs sont contractiles et correspondent aux éléments de $\pi_1(S_1) \cong Z$). On a donc une équivalence d'homotopie (faible)

$$B_U \times Z \to \Omega U ,$$

et le groupe $\tilde{K}(X) = \tilde{K}^o(X) = \Pi(X,\Omega U)$ est isomorphe à $\Pi(X,BU) \oplus \Pi(X,Z)$. En particulier, si le polyèdre fini X est <u>connexe</u>, on a

$$\tilde{K}^o(X) = \Pi(X,B_U) ;$$

c'est le <u>groupe des fibrés stables</u> de base X. L'opération $+$ dans ce groupe correspond à la somme directe $\oplus$ des fibrés représentants.

Le groupe $K^o(X)$ non réduit est défini par $K^o(X) = \tilde{K}^o(X^+)$; c'est donc le groupe

$$K^o(X) = \Pi(X^+,B_U) \oplus \Pi(X^+,Z) .$$

Les classes d'homotopie étant pointées, on a $\Pi(X^+,B_U) = \Pi(X,B_U) = \tilde{K}^o(X)$, et $\Pi(X^+,Z)$ est le groupe des fonctions $n: X \to Z$ associant à chaque composante connexe de X un nombre entier arbitraire (et au point-base + le nombre $0 \in Z$). <u>Les éléments de</u> $K^o(X)$ <u>sont donc donnés, dans chaque composante connexe de</u> X, <u>par un fibré stable</u> et un entier $\in Z$; l'opération + dans $K^o(X)$ est donnée par l'addition des fibrés stables et par l'addition dans Z.

Pour un polyèdre fini connexe X, les éléments $z \in K^o(X)$ sont ainsi des couples $([\xi],n)$ formés par un fibré stable $[\xi]$ sur X et un entier n. L'élément, $0 \in K^o(X)$ est le couple $([\varepsilon],0)$, ε étant un fibré trivial. Pour un polyèdre fini <u>connexe</u> X, les éléments $z \in K^o(X) \cong \tilde{K}^o(X) \oplus Z$ sont ainsi des couples $([\xi],n)$ formés par un fibré stable $[\xi]$ et un entier n. Si ξ est un d-fibré et $n \geq d$, on peut trouver dans $[\xi]$ un représentant ξ' qui est un n-fibré (en ajoutant à ξ un (n-d)-fibré trivial). Si ξ est un d-fibré et $n < d$, cela n'est en général pas possible, en particulier si $n < 0$, mais aussi pour $n \geq 0$; or dans ce cas l'élément $z = ([\xi],n)$ peut s'écrire sous la forme

$$z = ([\xi],d) - ([\varepsilon],d-n),$$

ε étant un (d-n)-fibré trivial. Si nous appelons "spécial" un élément $z = ([\xi],n)$ tel que $[\xi]$ contienne un représentant qui est un n-fibré, on voit donc que tout élément de $K^0(X)$ est <u>la différence</u> $z = z' - z''$ <u>de deux éléments spéciaux</u> z' et z'' ; cette représentation n'est naturellement pas unique, et comme on a vu on peut toujours choisir pour z'' un fibré trivial. (La discussion ci-dessus montre, du reste, que $K^0(X)$ est le <u>groupe de Grothendieck</u> des fibrés complexes sur X).

On a ainsi une interprétation de $K^0(X)$ à l'aide des fibrés complexes sur X. Quant à $K^1(X)$, nous savons que $K^1(X) = K^0(\Sigma X)$; c'est donc le groupe de Grothendieck des fibrés complexes sur ΣX.

III.2 Le caractère de Chern.

Pour un d-fibré complexe ξ sur le polyèdre fini connexe X , soit $c(\xi)$ la classe totale de Chern $\in H^*(X;Z)$

$$c(\xi) = 1 + c_1(\xi) + \ldots + c_d(\xi) \quad , \quad c_i(\xi) \in H^{2i}(X;Z).$$

Rappelons que $c(\xi)$ est caractérisée par les propriétés a) de naturalité, b) de dualité (Whitney) et c) par une normalisation, p.ex. pour le 1-fibré canonique sur un espace projectif complexe (voir p.ex. [11]). La "naturalité" se rapporte aux applications continues $\varphi: X' \to X$; une telle application φ fait correspondre à ξ un d-fibré induit ξ' de base X' noté $\varphi^*\xi$ (si ξ est considéré comme élément de $\Pi(X,G_d)$, $\varphi^*\xi$ est son image par l'application induite $\varphi^*: \Pi(X,G_d) \to \Pi(X',G_d)$); d'autre part φ induit un homomorphisme $\varphi^*: H^*(X;Z) \to H^*(X';Z)$ et la propriété a) dit que

$$c\big(\varphi^*(\xi)\big) = \varphi^*\big(c(\xi)\big)$$

pour tout ξ et toute application $\varphi: X' \to X$. La "dualité" se rapporte à la somme directe $\xi \oplus \eta$ de deux fibrés de base X (ξ un d-fibré, η un d_1-fibré et $\xi \oplus \eta$ un $(d+d_1)$-fibré), et utilise le cup-produit en cohomologie qui fait de $H^*(X;Z)$ une algèbre sur Z ; la propriété b) dit que

$$c(\xi \oplus \eta) = c(\xi)c(\eta).$$

Pour tout fibré trivial $c(\xi) = 1$; si ξ_1 et ξ_2 représentent le même fibré stable sur X , $[\xi_1] = [\xi_2]$, on a donc $c(\xi_1) = c(\xi_2)$, et la classe de Chern est ainsi définie pour les fibrés stables.

Dans l'algèbre $H^*(X;Z)$, faisons pour un d-fibré ξ sur X la décomposition formelle

$$c(\xi) = (1 + \gamma_1) \ldots (1 + \gamma_d) \ ,$$

où les γ_i sont considérés comme des éléments de $H^2(X;Z)$. En général, ces éléments n'apparaissent pas effectivement dans $H^2(X;Z)$; s'ils y sont, leurs fonctions symétriques élémentaires $\sigma_1,\ldots,\sigma_d$ sont les classes de Chern $c_i(\xi)$,

$$\sigma_1(\gamma_1,\ldots,\gamma_d) = c_1,\ldots,\sigma_d(\gamma_1,\ldots,\gamma_d) = c_d \ ,$$

et toute polynôme symétrique en $\gamma_1,\ldots,\gamma_d$ (à coefficients entiers) s'exprime de façon unique par les $c_i(\xi)$. Par conséquent, même si les γ_i n'apparaissent pas effectivement dans $H^2(X;Z)$, tout polynôme symétrique en $\gamma_1,\ldots,\gamma_d$ a quand-même une signification précise dans $H^*(X;Z)$, et c'est dans ce sens que nous utiliserons ces symboles. Notons toutefois qu'on peut leur donner une interprétation comme classes de Chern $c_1(\eta_1),\ldots,c_1(\eta_d)$ de certains 1-fibrés $\eta_1,\ldots,\eta_d$, comme suit: Il existe toujours un espace $\bar{X}$ et une application $\psi\colon \bar{X} \to X$ telle que le d-fibré $\psi^*(\xi)$ de base $\bar{X}$ se décompose en une somme directe $\psi^*(\xi) = \eta_1 \oplus \ldots \oplus \eta_d$. Si on note $\bar{\gamma}_i = c_1(\eta_1) \in H^2(\bar{X};Z)$, $i = 1,\ldots,d$, on a donc $c\big(\psi^*(\xi)\big) = (1 + \bar{\gamma}_1)\ldots(1 + \bar{\gamma}_d) \in H^*(\bar{X};Z)$, et par conséquent

$$\psi^*\big(c(\xi)\big) = (1 + \bar{\gamma}_1)\ldots(1 + \bar{\gamma}_d)$$

De plus on sait, en vertu de la construction de $\bar{X}$ (cf. [11], chap. I,§4) que $\psi^*: H^*(X;Z) \to H^*(\bar{X};Z)$ est un monomorphisme. Ainsi la décomposition formelle $c(\xi) = (1+\gamma_1)\ldots(1+\gamma_d)$ devient une décomposition effective, si on plonge $H^*(X;Z)$ dans $H^*(\bar{X};Z)$, et cette décomposition correspond à une décomposition de $\psi^*(\xi)$ en 1-fibrés $\eta_1,\ldots,\eta_d$. Cela permet souvent de ramener des raisonnements relatifs à la classe $c(\xi)$ d'un d-fibré, au cas d'un 1-fibré ou d'une somme de 1-fibrés ("splitting principle").

A partir de $c(\xi) = (1+\gamma_1)\ldots(1+\gamma_d)$ on définit alors le <u>caractère de Chern</u> du d-fibré ξ sur X, $ch(\xi)$, par

$$ch(\xi) = e^{\gamma_1} + \ldots + e^{\gamma_d} \in H^*(X;\mathbb{Q})$$

où $H^*(X;\mathbb{Q})$ est considérée, en vertu du cup-produit, comme algèbre (sur $\mathbb{Q}$), contenant $H^*(X;Z)$ comme Z-sous-algèbre. Les séries de puissances e^{γ_i} se réduisent en fait à des sommes finies, γ_i étant considéré comme élément (formel) de H^2 et la dimension de X étant finie. Plus explicitement on a

$$ch(\xi) = d + \sum_{k=1}^{\infty} \frac{\gamma_1^k+\ldots+\gamma_d^k}{k!} = d + \sum_{k=1}^{\infty} \frac{s_k\big(c_1(\xi),\ldots,c_d(\xi)\big)}{k!}$$

où s_k désigne le polynôme $s_k(\sigma_1,\ldots,\sigma_d)$ qui exprime le polynôme symétrique $\gamma_1^k + \ldots + \gamma_d^k$ à l'aide des fonctions symétriques élémentaires $\sigma_1(\gamma_1,\ldots,\gamma_d),\ldots,\sigma_d(\gamma_1,\ldots,\gamma_d)$, donc des classes de Chern $c_1(\xi),\ldots,c_d(\xi)$. Rappelons que les polynômes s_k satisfont à l'identité

$$s_k - \sigma_1 s_{k-1} + \sigma_2 s_{k-2} - + \ldots + (-1)^k k\sigma_k = 0$$

qui permet de calculer récursivement $s_1, s_2, \ldots$:

$$s_1 = \sigma_1, \quad s_2 = \sigma_1^2 - 2\sigma_2, \quad s_3 = \sigma_1^3 - 3\sigma_1\sigma_2 + 3\sigma_3, \quad \ldots,$$

et de façon générale $s_k = \sigma_1^k - \ldots + (-1)^{k-1} k\sigma_k$.

Il est évident que la valeur de $\operatorname{ch} \xi$ dépend de la dimension d de la fibre, et par conséquent n'est pas la même pour les différents représentants d'un fibré stable $[\xi]$. Par contre, soit $z \in K^0(X)$, donné par un couple $([\xi], n)$, d'après III.2, et posons $\operatorname{ch} z = \operatorname{ch} \xi + (n-d)$, ξ étant un d-fibré représentant $[\xi]$. En écrivant comme avant $c(\xi) = (1 + \gamma_1)\ldots(1 + \gamma_d)$ et $\operatorname{ch} \xi = \sum_{i=1}^{d} e^{\gamma_i}$, on a alors $\operatorname{ch} z = \operatorname{ch} \xi + n - d =$ $= n + \sum_{i=1}^{d} (e^{\gamma_i} - 1)$; cette expression ne dépend pas du représentant ξ qu'on a choisi dans $[\xi]$: En effet, si $\bar{\xi}$ en est un autre, avec $c(\bar{\xi}) = (1 + \bar{\gamma}_1)\ldots(1 + \bar{\gamma}_{\bar{d}})$, on sait que $c(\xi) =$ $= c(\bar{\xi})$, c.à.d. que les γ_i non nuls coïncident avec les $\bar{\gamma}_j$ non nuls, d'où $\sum_{i=1}^{d} (e^{\gamma_i} - 1) = \sum_{j=1}^{\bar{d}} (e^{\bar{\gamma}_j} - 1)$. Ainsi $\operatorname{ch} z$ est défini sans ambiguité pour tout $z \in K^0(X)$; pour un élément spécial $z = ([\xi], d)$, ξ = d-fibré, on a $\operatorname{ch} z = \operatorname{ch} \xi$.

<u>L'application</u> $\operatorname{ch}: K^0(X) \to H^*(X;\mathbb{Q})$ <u>est un homomorphisme</u>. Démonstration: Soient $z, z' \in K^0(X)$, $z = ([\xi], n)$ et $z' =$ $= ([\xi'], n')$. Alors $z + z' = ([\xi \oplus \xi'], n+n')$, et en vertu de la dualité $c(\xi \oplus \xi') = c(\xi)\cdot c(\xi') = (1 + \gamma_1)\ldots(1 + \gamma_d)(1 + \gamma_1')\ldots$ $(1 + \gamma_{d'}')$, où $c(\xi) = (1 + \gamma_1)\ldots(1 + \gamma_d)$ et $c(\xi') =$ $= (1 + \gamma_1')\ldots(1 + \gamma_{d'}')$. On obtient donc

$$\mathrm{ch}(z + z') = n + n' + \sum_{i=1}^{d} (e^{\gamma_i} - 1) + \sum_{j=1}^{d'} (e^{\gamma'_j} - 1)$$

$$= \mathrm{ch}\, z + \mathrm{ch}\, z' .$$

La naturalité de $c(\xi)$ entraîne celle de $\mathrm{ch}\, z$; par conséquent ch <u>est une transformation de</u> K^0 <u>dans</u> $H^*(\ ;\mathbb{Q})$, plus exactement dans $\bigoplus_{r \text{ pair}} H^r(\ ;\mathbb{Q})$. A l'aide de la suspension Σ on en déduit une transformation ch de K^1 dans $\bigoplus_{r \text{ impair}} H^r(\ ;\mathbb{Q})$, donnée par

$$\mathrm{ch}_X\colon K^1(X) = K^0(\Sigma X) \xrightarrow{\mathrm{ch}} \bigoplus_{r \text{ pair}} H^r(\Sigma X;\mathbb{Q}) \cong \bigoplus_{r \text{ impair}} H^r(X;\mathbb{Q})$$

On a ainsi une transformation ch de K^* dans $H^*(\ ;\mathbb{Q})$ de la même nature que le "caractère χ de la K-théorie". Si X est formé par un seul point P, $K^*(P) = \tilde{K}^*(P^+) = \tilde{K}^*(S_0) = \tilde{K}^0(S_0) = Z$ $\left(\tilde{K}^1(S_0) = 0\right)$; $z \in K^*(P)$ est de la forme $([0],n) \in K^0(P)$ et $\mathrm{ch}\, z = n \in \mathbb{Q}$, et la transformation ch se réduit au plongement $Z \to \mathbb{Q}$. D'après II.4, Théorème 4, le <u>caractère de Chern</u> $\mathrm{ch}\colon K^* \to H^*(\ ;\mathbb{Q})$ <u>est identique avec le caractère</u> χ <u>de la K-théorie</u> discuté dans II.4 et II.5. On peut donc appliquer à ch tous les résultats préalables (en particulier ceux obtenus pour les polyèdres sans torsion).

L'interprétation de $K^0(X)$ par les fibrés stables permet d'y définir un <u>produit (naturel)</u> qui en fait un anneau commutatif: Pour un d-fibré ξ et un d'-fibré ξ' sur X, on considère le <u>produit tensoriel</u> $\xi \otimes \xi'$ qui est un dd'-fibré sur X; si $z = ([\xi],d)$ et $z' = ([\xi'],d')$ sont deux éléments "spéciaux" de $K^{o}(X)$ tels que le fibré stable $[\xi]$ contienne un représentant ξ qui est un d-fibré et $[\xi']$ un représentant ξ' qui est un d'-fibré, posons $z.z' = ([\xi \otimes \xi'], dd')$. Si η est un autre d-fibré représentant $[\xi]$, on sait que $\xi \oplus \varepsilon$ est isomorphe à $\eta \oplus \varepsilon$, avec un certain fibré trivial ε. Comme le produit tensoriel est distributif par rapport à $\oplus$, on a $(\xi \oplus \varepsilon) \otimes \xi' =$ $= (\xi \otimes \xi') \oplus (\varepsilon \otimes \xi')$ et $(\eta \oplus \varepsilon) \otimes \xi' = (\eta \otimes \xi') \oplus (\varepsilon \otimes \xi')$; ces deux fibrés étant isomorphes, on a $[\xi \otimes \xi'] = [\eta \otimes \xi']$. Le produit zz' ne dépend donc pas des représentants ξ de $[\xi]$ et ξ' de $[\xi']$, pourvu que ce soient des d- et d'-fibrés respectivement. En outre, le produit zz' de deux éléments spéciaux est distributif, et cela permet d'étendre "par distributivité" la définition du produit à des éléments arbitraires $z, z' \in K^{o}(X)$ qui sont des différences d'éléments spéciaux. L'anneau $K^{o}(X)$ ainsi obtenu est commutatif et possède un <u>élément unité</u> 1: c'est l'élément $([\varepsilon], 1)$, ε étant trivial.

Pour le caractère de Chern du produit tensoriel $\xi \otimes \xi'$ d'un d-fibré ξ et d'un d'-fibré ξ' sur X on a la formule

$$\mathrm{ch}(\xi \otimes \xi') = \mathrm{ch}\, \xi \cdot \mathrm{ch}\, \xi' ,$$

le produit au second membre étant le cup-produit dans $H^{*}(X;\mathbb{Q})$

<u>Démonstration</u>. Pour des 1-fibrés η, η', la première classe de Chern $c_1(\eta \otimes \eta')$ est $c_1(\eta) + c_1(\eta')$ (voir p.ex. [11],§4); on a donc $c(\eta \otimes \eta') = 1 + c_1(\eta) + c_1(\eta')$. Si $\xi = \eta_1 \oplus \ldots \oplus \eta_d$, $\xi' = \eta_1' \oplus \ldots \oplus \eta_{d'}'$, avec des 1-fibrés

η_i, η'_j , il résulte pour $\xi \otimes \xi' = \bigoplus_{i,j} \eta_i \otimes \eta'_j$

$$c(\xi \otimes \xi') = \prod_{i,j} (1 + \gamma_i + \gamma'_j)$$

où $\gamma_i = c_1(\eta_i)$, $i = 1,\ldots,d$ et $\gamma'_j = c_1(\eta'_j)$, $j = 1,\ldots,d'$.
Par conséquent

$$ch(\xi \otimes \xi') = \sum_{i,j} e^{\gamma_i + \gamma'_j} = \Big(\sum_i e^{\gamma_i}\Big)\Big(\sum_j e^{\gamma'_j}\Big)$$

$$= ch\ \xi \cdot ch\ \xi'$$

Comme tout fibré est virtuellement une somme directe de 1-fibrés (voir plus haut, splitting principle), la formule est valable pour tout ξ et ξ' .

Pour $z, z' \in K^o(X)$, on a donc $ch(z \cdot z') = ch\ z \cdot ch\ z'$; en effet, il suffit de vérifier cette formule pour des éléments de la forme $z = ([\xi], d)$, $z' = ([\xi'], d')$. $z \cdot z' = ([\xi \otimes \xi'], dd')$, où ξ est un d-fibré et ξ' un d'-fibré, et dans ce cas on a $ch\ z = ch\ \xi$, $ch\ z' = ch\ \xi'$ et $ch(zz') = ch(\xi \otimes \xi') = ch\ \xi \cdot ch\ \xi' = ch\ z \cdot ch\ z'$. <u>Ainsi le caractère de Chern est une transformation multiplicative de K^o dans $H^*(\ ;\mathbb{Q})$</u>; plus exactement dans $\bigoplus_{r\ \text{pair}} H^r(\ ;\mathbb{Q})$ qui est un anneau commutatif en vertu du cup-produit.

Le produit naturel défini dans $K^o(X)$ peut être étendu à $K^*(X) = K^o(X) \oplus K^1(X)$ de telle façon que $K^*(X)$ devienne un anneau Z_2-gradué ($K^o \cdot K^1$ et $K^1 K^o \subset K^1$, $K^1 K^1 \subset K^o$) et anticommutatif, et que $ch\colon K^* \to H^*(\ ;\mathbb{Q})$ reste une transformation multiplicative; la construction utilise des propriétés élémentaires de la suspension (voir [5],p.11). Nous n'insistons pas sur les détails et nous n'utiliserons pas ce résultat.

III.3 Le caractère de Chern pour les polyèdres sans torsion.

Soit X un polyèdre fini sans torsion. Nous pouvons appliquer à $ch: K^*(X) \to H^*(X;\mathbb{Q})$ les résultats de II.5 relatifs au caractère de la K-théorie qui n'est autre que ch. On sait donc que $ch: K^*(X) \to H^*(X;\mathbb{Q})$ est un monomorphisme. Si on écrit pour $z \in K^*(X)$

$$ch\, z = \sum_{i=0}^{\infty} a_i \ , \qquad a_i \in H^i(X;\mathbb{Q})$$

on sait que la première composante non nulle a_p est <u>entière</u> $\left(a_p \in H^p(X;Z) \subset H^p(X;\mathbb{Q})\right)$; et que pour tout $a_p \in H^p(X;Z)$ il existe un $z \in K^*(X)$, et modulo $K^*(X)^{[p]}$ un seul, tel que

$$ch\, z = a_p + a_{p+1} + \dots$$

Si ξ est un d-fibré sur X, considérons $z = ([\xi],0) \in K^0(X)$. Alors $ch\, z = a_{2j} + a_{2j+2} + \dots$, $a_{2j} \in H^{2j}(X;Z)$, $a_{2j+2} \in H^{2j+2}(X;\mathbb{Q})$, ... D'autre part on a (voir III.2)

$$ch\, z = 0 + \sum_{k=1}^{\infty} \frac{s_k\left(c_1(\xi),\dots,c_k(\xi)\right)}{k!} \ ,$$

et il résulte que

$$a_{2j} = \frac{1}{j!} s_j\big(c_1(\xi),\ldots,c_j(\xi)\big) \in H^{2j}(X;Z)$$

<u>est une classe entière</u>.

Un exemple important est celui où $X = S_{2n}$, donc ξ un d-fibré sur la sphère S_{2n}. Dans ce cas le premier terme non nécessairement nul dans ch z est $a_{2n} = \frac{1}{n!} s_n\big(c_1(\xi),\ldots,c_n(\xi)\big)$, puisque $H^i(S_{2n};\mathbb{Q}) = 0$ pour $0 < i < 2n$. Il s'ensuit que a_{2n} est un multiple <u>entier</u> du générateur de $H^{2n}(S_{2n};Z)$, c.à.d. que a_{2n} évalué sur le cycle fondamental $[S_{2n}]$ de S_{2n} donne un entier. D'autre part, comme $c_1(\xi) = \ldots = c_{n-1}(\xi) = 0$, on a $s_n\big(c_1(\xi),\ldots,c_n(\xi)\big) = (-1)^{n-1} n c_n(\xi)$, et il résulte que $\frac{1}{(n-1)!} c_n(\xi)$ est une classe entière. On a ainsi établi le

<u>Théorème de Bott</u>. <u>Pour tout fibré complexe</u> ξ <u>sur</u> S_{2n} <u>la valeur de la n-ième classe de Chern</u> $c_n(\xi)$ <u>sur</u> $[S_{2n}]$ <u>divisible par</u> <u>(n-1)</u>!

Ce théorème disant que pour tout $z \in K^*(S_{2n})$ la valeur de ch ξ sur le cycle $[S_{2n}]$ est un <u>entier</u>, est un cas typique de plusieurs "théorèmes d'intégralité" qui en constituent une généralisation et dont il est la source essentielle: On considère, au lieu de S_{2n}, une variété différentiable compacte orientable V, et soit [V] le cycle fondamental correspondant à une orientation de V. Pour obtenir sur [V] une valeur entière il faut alors remplacer ch z, pour $z \in K^*(V)$, par une expression plus compliquée. Nous nous bornons ici à faire quelques allusions vagues à ce sujet.

Pour cela, rappelons d'abord la notion de <u>classe de Todd</u> td ξ d'un d-fibré complexe ξ sur un polyèdre X . C'est un élément de $H^*(X;\mathbb{Q})$ associé à la classe de Chern $c(\xi) \in H^*(X;Z)$ par un procédé analogue à celui qui a fourni le caractère de Chern ch ξ: On écrit $c(\xi) = \prod_{i=1}^{d} (1 + \gamma_i)$ et on pose

$$\mathrm{td}\ \xi = \prod_{i=1}^{d} \frac{\gamma_i}{1-e^{-\gamma_i}} \in H^*(X;\mathbb{Q})$$

Le développement en séries de puissances par rapport aux γ_i donne des polynômes symétriques de degré $k = 0,1,2,...$ qui s'expriment par les classes de Chern $c_i(\xi) = \sigma_i(\gamma_1,...,\gamma_d)$ à l'aide de certains polynômes $T_k(c_1,...,c_d)$, ou encore par

$$\mathrm{td}\ \xi = e^{c_1(\xi)/2} \sum_{j=o}^{\infty} \hat{A}_j(p_1,...,p_j)$$

où les $\hat{A}_j(p_1,...,p_j)$ sont des polynômes en $p_1,...,p_j$, classes de Pontrjagin du fibré ξ considéré comme 2d-fibré <u>réel</u>, $p_i \in H^{4i}(X;\mathbb{Z})$, cf. [11].

Dans le cas d'une variété compacte orientée V à n dimensions, on considère le fibré tangent τ de V qui est un n-fibré réel; l'expression tdτ a alors un sens pourvu qu'on ait choisi un élément convenable $c_1 \in H^2(V;Z)$ à mettre à la place de $c_1(\xi)$ ci-dessus; on suppose qu'il est possible de choisir c_1 de telle façon que sa réduction modulo 2 donne la deuxième classe de Stiefel-Whitney $w_2(\tau)$. L'élément de $H^*(V;\mathbb{Q})$ ainsi obtenu est noté $\mathcal{T}(V)$; si V est une variété presque-complexe (de dimension paire $n = 2m$; τ est alors un m-fibré complexe, et l'on prend $c_1 = c_1(\tau)$), c'est la même chose que $td\tau$. - De façon générale, Atiyah-Hirzebruch ont démontré (cf. [4], [5]): Pour tout $z \in K^*(V)$, la valeur de $ch\, z \cdot \mathcal{T}(V)$ sur le cycle $[V]$ est entière. Ce théorème d'intégralité se réduit pour $V = S_{2n}$ au théorème de Bott; en effet, on peut, dans ce cas, choisir $c_1 = 0$ et $\mathcal{T}(S_{2n})$ est $= 1$, les classes de Pontrjagin étant 0. Le cas général est ramené au cas d'une sphère S_{2n} à l'aide d'un plongement de la variété V dans une sphère. - Si V est une variété complexe, et si $z \in K^0(V)$ correspond à un fibré complexe holomorphe ξ sur V, le nombre entier $ch\, z \cdot \mathcal{T}(V)[V]$ est égal à la "caractéristique d'Euler-Poincaré" de V pour la cohomologie relative au faisceau des germes de sections holomorphes de ξ ; c'est le théorème de Riemann-Roch-Hirzebruch, établi par Hirzebruch [11] pour les variétés algébriques projectives et par Atiyah-Singer [6] pour les variétés compactes complexes.

Applications du théorème de Bott.

1) Structure presque-complexe sur les sphères. Supposons que la sphère S_{2n} soit munie d'une structure presque-complexe. Cela veut dire que son fibré tangent τ est un n-fibré complexe, et $c_n(\tau)$ prend sur $[S_{2n}]$ une valeur entière divisible par $(n-1)!$ Or $c_n(\tau)$ évalué sur $[S_{2n}]$ est égal à la caractéristique Eulérienne de S_{2n} (cf. les exposés de van de Ven), donc à 2. Comme $(n-1)!$ divise 2, il s'ensuit que n doit être ≤ 3: Seules les sphères S_2, S_4 et S_6 peuvent admettre une structure presque-complexe. Le cas de S_4 peut être facilement éliminé (p.ex. à l'aide des classes de Pontrjagin), et il ne restent que S_2 et S_6, où on a effective-

ment des structures presque-complexes. Nous donnerons plus loin une autre démonstration de ce fait, comme corollaire du théorème sur l'invariant de Hopf des applications sphériques.

2) Calcul du groupe d'homotopie $\pi_{2n}(U(n))$. La suite exacte de Hurewicz appliquée à la fibration principale du groupe unitaire $U(n+1) \to S_{2n+1}$, de fibre $U(n)$, donne

$$\ldots \to \pi_i(U(n)) \to \pi_i(U(n+1)) \to \pi_i(S_{2n+1}) \to \pi_{i-1}(U(n)) \to \ldots \quad .$$

Pour $i < 2n$, il résulte $\pi_i(U(n)) \cong \pi_i(U(n+1))$, donc $\pi_i(U(n)) \cong \pi_i(U)$, d'après le théorème de périodicité de Bott $= Z$ pour i impair, $= 0$ pour i pair. Considérons la partie

$$\pi_{2n+1}(U(n+1)) \to \pi_{2n+1}(S_{2n+1}) \to \pi_{2n}(U(n)) \to \pi_{2n}(U(n+1))$$

de cette suite, où les deux premiers groupes sont $\cong Z$ et le dernier $= 0$. Tout élément α de $\pi_{2n+1}(U(n+1))$, c.à.d. toute classe d'homotopie $\alpha: S_{2n+1} \to U(n+1)$ définit une fibration principale de fibre $U(n+1)$ et de base S_{2n+2} (= réunion de deux cellules d'intersection S_{2n+1} ; sur les cellules la fibration est triviale, et α définit la "transformation de coordonnées" dans leur intersection), et soit ξ le $(n+1)$-fibré complexe associé. On vérifie facilement que l'homomorphisme $\pi_{2n+1}(U(n+1)) \to \pi_{2n+1}(S_{2n+1})$ associe à α un entier qui est égal à la valeur de $c_{n+1}(\xi)$ sur $[S_{2n+2}]$; cet entier est divisible par $n!$, d'après le théoreme de Bott, et tous les entiers divisible par $n!$ s'obtiennent de cette façon. Comme $\pi_{2n}\big(U(n+1)\big) = 0$, l'exactitude de la suite implique donc que $\pi_{2n}\big(U(n)\big) \cong Z/n!Z$.

Remarquons que Kervaire [12] a déduit de ce résultat le fait que parmi les sphères seules S_1, S_3 et S_7 sont parallélisables. Nous en donnerons une autre démonstration.

III.4 Les opérations d'Adams.

Nous allons donner ici une description sommaire des opérations ψ_k d'Adams [2], $k = 1,2,\ldots$ qui joueront un rôle essentiel dans la section suivante. Il s'agit d'une suite d'opérations dans K^*, c.à.d. de transformations de K^* dans lui-même (l'extension à $K^* = K^0 \oplus K^1$ se fait à l'aide de la suspension; elle ne sera pas utilisée dans nos applications).

Nous faisons usage de l'interprétation de $K^0(X)$ par les fibrés stables $[\xi]$ sur X. Rappelons que pour un polyèdre fini <u>connexe</u> X les éléments $z \in K^0(X)$ sont des paires $([\xi],n)$, $n \in Z$; l'addition et la multiplication se font séparément pour les deux composantes: pour Z c'est la structure d'anneau habituelle, et pour les fibrés stables $[\xi]$ c'est l'addition et la multiplication induites par la somme directe $\oplus$ et le produit tensoriel $\otimes$ respectivement. L'élément 0 de $K^0(X)$ est $([\varepsilon],0)$, l'élément 1 est $([\varepsilon],1)$, ε étant un fibré trivial sur X. Nous écrirons dans la suite ε_n pour le n-fibré trivial sur X; et $k\xi$ pour la somme $\xi \oplus \ldots \oplus \xi$ (k termes), donc $\varepsilon_n = n\varepsilon_1$.

Pour un d-fibré ξ sur X, soit $\Lambda^p\xi$ sa <u>puissance p-ième extérieure</u>; c'est le fibré associé à ξ ayant comme fibre l'espace vectoriel à $\binom{p}{d}$ dimensions $\Lambda^p C^d$, puissance p-ième extérieure de C^d (espace des p-vecteurs dans C^d). $\Lambda^p\xi$ est défini pour tout $p > 0$; c'est le 0-fibré sur X pour $p > d$, et posons $\Lambda^o\xi = \varepsilon_1$ pour tout ξ. Pour une somme directe de deux fibrés $\xi \oplus \eta$ on a alors

$$(1) \qquad \Lambda^p(\xi \oplus \eta) = \bigoplus_{i=o}^{p} \Lambda^{p-i}\xi \otimes \Lambda^i\eta$$

Si on prend pour η un n-fibré trivial ε_n, on a $\Lambda^i\varepsilon_n = \binom{n}{i}\varepsilon_1$, d'où $\Lambda^p(\xi \oplus \varepsilon_n) = \bigoplus_{i=o}^{p} \binom{n}{i}\Lambda^{p-i} \otimes \varepsilon_1$, donc

$$(2) \qquad \Lambda^p(\xi \oplus \varepsilon_n) = \Lambda^p\xi \oplus \binom{n}{1}\Lambda^{p-1}\xi \oplus \binom{n}{2}\Lambda^{p-2}\xi \oplus \ldots \oplus \binom{n}{p}\varepsilon_1 .$$

Si ξ et ξ' sont deux d-fibrés représentant le même fibré stable $[\xi] = [\xi']$, $\xi \oplus \varepsilon_n \cong \xi' \oplus \varepsilon_n$ pour un certain n, on a $\Lambda^p(\xi \oplus \varepsilon_n) \cong \Lambda^p(\xi \oplus \varepsilon_n)$, et du développement (2) pour ξ et pour ξ' on déduit, à l'aide d'une induction facile par rapport à p, que $[\Lambda^p\xi] = [\Lambda^p\xi']$, $p \geq 0$. Cette remarque permet de définir $\Lambda^p z$ pour les éléments spéciaux $z \in K^o(X)$ de la forme $z = ([\xi],d)$, ξ étant un d-fibré: On pose

$$\Lambda^p z = \left([\Lambda^p\xi], \binom{d}{p}\right).$$

En particulier on a $\Lambda^1 z = z$ et $\Lambda^o z = ([\varepsilon_1],1) = 1 \in K^o(X)$. Pour $z, z' \in K^o(X)$ de la forme spéciale $z = ([\xi],d)$ et $z = ([\xi'],d)$, ξ étant un d-fibré et ξ' un d'-fibré, la formule (1) se traduit alors en

$$(3) \qquad \Lambda^p(z+z') = \sum_{i=o}^{p} \Lambda^{p-i}z \cdot \Lambda^i z' .$$

La définition des Λ^p peut s'étendre à <u>tous les éléments</u> $z \in K^o(X)$ de telle façon que (3) reste valable, et cette extension est unique: On définit $\Lambda^o z = 1$ pour <u>tout</u> $z \in K^o(X)$, et $\Lambda^p o = o$ pour $p > o$ (cela donne bien $\Lambda^p(z+o) = \sum_{i=o}^{p} \Lambda^{p-i} z \cdot \Lambda^i o = \Lambda^p z$); et ensuite $\Lambda^p(1 + (-1)) = \sum_{i=o}^{p} \Lambda^{p-i} 1 \cdot \Lambda^i(-1) = \Lambda^{p-1}(-1) + \Lambda^p(-1) = o$ implique $\Lambda^p(-1) = -\Lambda^{p-1}(-1) = \ldots = (-1)^p \Lambda^o(-1) = (-1)^p$; ensuite on obtient $\Lambda^p(-n)$, $n > o$, et comme tout élément z de $K^o(X)$ est de la forme $([\xi],d) + ([\varepsilon],-n) = ([\xi],d) + (-n)$, on obtient les Λ^p pour tout $z \in K^o(X)$. Enfin on vérifie que (3) reste valable.

A partir des opérations $\Lambda^p: K^o(X) \to K^o(X)$ qui ont des propriétés algébriques compliquées (ce ne sont pas des homomorphismes) on forme des expressions plus commodes de la façon suivante. Soit s_k comme avant le polynôme symétrique (en d indéterminées $\gamma_1,\ldots,\gamma_d$) qui exprime $\gamma_1^k + \ldots + \gamma_d^k$ par les fonctions symétriques élémentaires $\sigma_1(\gamma_1,\ldots,\gamma_d)$, $\sigma_2(\gamma_1,\ldots,\gamma_d)$, $\ldots$, $\sigma_d(\gamma_1,\ldots,\gamma_d)$, $\sigma_i(\gamma_1,\ldots,\gamma_d) = o$ pour $i > d$:

$$s_1 = \sigma_1, \quad s_2 = \sigma_1^2 - 2\sigma_2, \quad s_3 = \sigma_1^3 - 3\sigma_1\sigma_2 + 3\sigma_3, \ldots$$

Pour $z \in K^o(X)$ on pose

$$\psi_k(z) = s_k(\Lambda^1 z,\ldots,\Lambda^k z), \quad k = 1,2,3,\ldots$$

Par une vérification purement algébrique (cf. [2], [13]) on montre, en se basant sur (3), que $\psi_k: K^o(X) \to K^o(X)$ <u>est un homomorphisme additif et multiplicatif</u>.

Les opérations ψ_k sont reliées au <u>caractère de Chern</u> $ch: K^o(X) \to K^*(X;\mathbb{Q})$ de la façon suivante: Soit $z \in K^o(X)$ et

$$ch\ z = a_o + a_2 + a_{2j} + \dots \qquad a_{2j} \in H^{2j}(X;\mathbb{Q});$$

alors on a pour tout $k = 1,2,3,\dots$

$$(4) \qquad ch(\psi_k z) = a_o + ka_2 + \dots + k^j a_{2j} + \dots$$

Pour démontrer (4) on utilise la décomposition virtuelle d'un fibré ξ en 1-fibrés, $\xi = \eta_1 \oplus \dots \oplus \eta_d$; on est ainsi ramené au cas où $z = ([\eta],1)$ η étant un 1-fibré. Si $\gamma = c_1(\eta) \in H^2(X;Z)$ est la première classe de Chern de η, $ch\ z = e^\gamma = \sum^{\infty} \frac{\gamma}{j!}$. Pour un 1-fibré, on a

$$\psi_k(z) = s_k(\Lambda^1 z, 0, \dots, 0) = z^k ,$$

donc $ch\big(\psi_k(z)\big) = ch(z^k) = (ch\ z)^k = e^{k\gamma} = \sum_o^{\infty} \frac{k^j \gamma^j}{j!}$.

<u>Exemple</u>. Les opération ψ_k dans le cas de l'espace projectif complexe P_n: Il s'agit d'un polyèdre sans torsion; $K^o(P_n) = K^*(P_n)$ est isomorphe à $H^*(P_n;Z)$ qui est une <u>algèbre de</u> polynômes tronquée $Z[a]/(a^{n+1})$, $a \in H^2(P_n;Z)$. L'isomorphisme est établi par le caractère ch: Il existe un $w \in K^o(P_n)$ tel que $ch\ w = a + \dots \in H^*(P_n;\mathbb{Q})$. On peut choisir w de la façon suivante: on sait qu'il existe un 1-fibré η sur P_n

tel que sa classe de Chern soit $c(\eta) = 1 + a$. Posons $y = ([\eta],1) \in K^o(P_n)$, avec $ch\ y = e^a = 1 + a + \frac{a^2}{2!} + \dots$; alors $w = y - 1 \in K^o(P_n)$ est le générateur cherché. Les opérations ψ_k sont déterminées si on les connaît sur w; comme $w + 1 = y$, et $\psi_k y = y^k$, on a

$$\psi_k(w) = \psi_k\big((w+1) - 1\big) = (w+1)^k - 1 .$$

III.5 _ Application à l'invariant de Hopf.

Dans cette section nous allons appliquer le caractère de Chern et les opérations ψ_k de la K-théorie au "problème de l'invariant de Hopf 1"; la solution donnée ici est très voisine de celle donnée récemment par Adams et Atiyah et communiquée oralement à l'auteur.[1)]

Nous allons d'abord formuler le problème et le résultat, et indiquer un certain nombre de conséquences.

On cherche dans l'espace numérique R^n une multiplication continue $\mu: R^n \times R^n \to R^n$ vérifiant (1) la loi des normes

$$|\mu(x,y)| = |x|\cdot|y| , \qquad x,y \in R^n ,$$

$|x|^2$ étant la somme des carrés des composantes de x; et (2) ayant une unité bilatère e

$$\mu(e,x) = \mu(x,e) = x , \qquad x \in R^n .$$

---

1) Après la rédaction de ce cours, l'auteur a eu connaissance de la publication d'Adams et Atiyah [Quart.Journal of Math.17 (1966), 31-38] qui contient leur démonstration.

S'il existe une telle multiplication, elle induit une multiplication continue avec unité bilatère sur la sphère unité $S_{n-1} \subset R^n$, et inversement toute multiplication $\mu: S_{n-1} \times S_{n-1} \to S_{n-1}$ avec unité peut être étendue à une multiplication dans R^n vérifiant la loi des normes.

Une multiplication μ dans R^n avec les propriétés (1) et (2) n'a pas de diviseurs de 0; réciproquement une multiplication avec unité et sans diviseurs de 0 peut être normalisée de façon à vérifier la loi des normes (1).

Pour $n = 1,2,4$ et 8 on connaît dans R^n des multiplications avec (1) et (2) <u>bilinéaires</u> en x,y (dans R^2 celle des nombres complexes, dans R^4 des quaternions, dans R^8 des octaves de Cayley); le théorème de Hurwitz dit que pour d'autres dimensions n il n'existe pas de multiplications bilinéaires. Adams [2] a démontré qu'il en est de même pour les multiplications continues; c'est ce théorème qui fait l'objet de la présente section.

<u>Théorème d'Adams</u>. <u>S'il existe dans R^n une multiplication continue avec loi des normes et unité bilatère</u>, alors $n = 1,2,4$ ou 8.

Rappelons la relation avec l'invariant de Hopf: Pour toute application $\varphi: S_{n-1} \times S_{n-1} \to S_{n-1}$ on considère les deux degrés δ_1 et δ_2 de $S_{n-1} \times \text{point} \to S_{n-1}$ et point $\times S_{n-1} \to S_{n-1}$, et on dit que φ est de type (δ_1, δ_2). Pour une multiplication μ avec unité bilatère sur S_{n-1}, le type est $(1,1)$. La "construction de Hopf" associe à une application $\varphi: S_{n-1} \times S_{n-1} \to S_{n-1}$ une application $\Phi: S_{2n-1} \to S_n$ avec invariant de Hopf $\gamma(\Phi) = \delta_1 \delta_2$. Le théorème d'Adams sera donc démontré si on prouve que $\gamma(\Phi) = 1$ n'est possible que pour

$n = 2,4,8$. Hopf avait déjà montré que pour n impair, $\gamma(\Phi)$ est toujours 0, ce qui exclut des multiplications dans ce cas; et que pour n pair il existe des $\varphi: S_{n-1} \times S_{n-1} \to S_{n-1}$ de type $(1,2)$, donc des Φ avec $\gamma(\Phi) = 2$, et par conséquent des Φ avec $\gamma(\Phi) = 2\ell$ pour tout $\ell \in Z$.

Corollaires du Théorème d'Adams.

Corollaire 1. Une algèbre de division réelle est de dimension 1,2,4 ou 8.

En effet, soit A une algèbre de division réelle à n dimensions. Cela veut dire que dans R^n une multiplication μ bilinéaire et sans diviseurs de 0 est donnée. On peut toujours la modifier de telle façon qu'elle possède un élément unité bilatère. De plus on peut normaliser μ de façon à obtenir la loi des normes; en ce faisant on perd la bilinéarité, mais la multiplication reste continue. Par conséquent $n = 1,2,4$ ou 8.

Corollaire 2. Les seules sphères parallélisables sont S_1, S_3 et S_7.

Démonstration. Prenons $n > 1$, et soient $v_1,\ldots,v_{n-1}$ des champs de vecteurs tangents à la sphère unité S_{n-1} dans R^n définissant un parallélisme sur S_{n-1}. Nous pouvons supposer ces champs orthonormés; $v_i(x)$ est orthogonal au vecteur-lieu $x = (x_1,\ldots,x_n)$ pour tout point $x \in S_{n-1}$, $i = 1,\ldots,n-1$. Si $v_{ij}(x)$, $j = 1,\ldots,n$ sont les composantes de v_i, la matrice

$$\left(c_{ij}(x)\right) = \begin{pmatrix} x_1 , & \ldots , x_n \\ v_{11}(x) , & \ldots , v_{1n}(x) \\ & \\ v_{n-1,1}(x) , & \ldots , v_{n-1,n}(x) \end{pmatrix}$$

dépend de x de façon continue et est orthogonale pour tout $x \in S_{n-1}$. Posons alors, pour $x,y \in S_{n-1}$

$$\mu_j(x,y) = \sum_{i=1}^{n} c_{ij}(x) y_i , \qquad j = 1,\ldots,n.$$

Les $\mu_j(x,y)$ sont les coordonnées d'un point $\mu(x,y) \in S_{n-1}$. On a ainsi défini une multiplication continue $\mu : S_{n-1} \times S_{n-1} \to S_{n-1}$. Si e désigne le point $(1,0,\ldots,0)$, on a $\mu(x,e) = x$; et comme $\mu(x,y)$ est linéaire en y, l'application $e \times S_{n-1} \to S_{n-1}$ définie par $\mu(e,y)$ est de degré 1. Par conséquent l'application $\mu : S_{n-1} \times S_{n-1} \to S_{n-1}$ est de type $(1,1)$, ce qui implique $n = 2,4$ ou 8.

Corollaire 3. Un produit vectoriel continu de deux vecteurs dans R^n existe seulement pour $m = 3$ et $m = 7$.

Par un "produit vectoriel continu dans R^m" on entend une fonction continue $\nu(x,y)$ de deux vecteurs $x,y \in R^m$ à valeurs dans R_m vérifiant

$$\text{(a)} \quad \nu(x,y)\cdot x = \nu(x,y)\cdot y = 0$$

$$\text{(b)} \quad \nu(x,y)^2 = x^2y^2 - (x\cdot y)^2$$

pour tout $x,y \in R^m$, $x\cdot y$ désignant le produit scalaire $x\cdot y = \sum_{j=1}^{m} x_j y_j$ et $x^2 = |x|^2$ le carré scalaire $x\cdot x$.

Si un produit vectoriel ν dans R^m est donné, $m > 2$, on définit une multiplication μ dans R^{m+1} comme suit: On considère R^m comme sous-espace de R^{m+1} et on choisit une base orthonormée $b_o,b_1,\ldots,b_m$ de R^{m+1} telle que $b_1,\ldots,b_m$ soit une base de R^m. Tout $X \in R^{m+1}$ s'écrit comme $X = \xi b_o + x$, $\xi \in R$, $x \in R^m$, et $|X|^2 = \xi^2 + x^2$. On pose, pour $X = \xi b_o + x$, $Y = \eta b_o + y$

$$\mu(X,Y) = (\xi\eta - x\cdot y)b_o + (\xi y + \eta x + \nu(x,y)) .$$

On constate que $\mu(b_o,Y) = Y$ et $\mu(X,b_o) = X$, et un calcul immédiat, utilisant (a) et (b), montre que μ vérifie la loi des normes. Par conséquent $m + 1 = 4$ ou 8, donc $m = 3$ ou 7.

Corollaire 4. Parmi les sphères seules S_2 et S_6 admettent une structure presque-complexe.

En effet, une structure presque-complexe sur S_k est une fonction qui à tout $x \in S_k$ et tout vecteur unité y tangent à S_k en x associe un vecteur unité Jy tangent à S_k en x; on peut supposer Jy orthogonal à y. On a ainsi, dans R^{k+1}, une fonction $\nu(x,y)$ continue, définie pour $x^2 = 1$, $y^2 = 1$ et $x\cdot y = 0$, et telle que $\nu(x,y)^2 = 1$, $\nu(x,y)\cdot x =$

$= \nu(x,y)\cdot y = 0$. On peut facilement l'étendre à une fonction $\nu(x,y)$ définie pour tout $x,y \in R^{k+1}$ et vérifiant les propriétés (a) et (b) du produit vectoriel. D'après le Corollaire 3, il s'ensuit que $k+1 = 3$ ou 7.

Corollaire 5 (U. Suter). Un produit vectoriel continu de deux vecteurs dans $\mathbb{C}^m$ relatif au produit scalaire Hermitien $x\cdot y = \sum_{j=1}^{m} x_j\overline{y_j}$ existe seulement dans le cas $m = 3$.

Ici on entend par produit vectoriel une fonction $\nu(x,y)$ de $x,y \in \mathbb{C}^m$ à valeurs dans $\mathbb{C}^m$ analogue au produit vectoriel réel (Corollaire 3), mais satisfaisant (a) et (b) par rapport au produit sacalaire Hermitien $x\cdot y = \sum_{j=1}^{m} x_j\overline{y_j}$. Une construction analogue à celle du cas réel donne alors une multiplication μ dans $\mathbb{C}^{m+1}$:

$$\mu(X,Y) = (\xi\bar{\eta} - x\cdot y)b_o + (\xi\bar{y} + \eta x + \nu(x,y))$$

ou $X = \xi b_o + x$, $Y = \eta b_o + y$, $\xi,\eta \in \mathbb{C}$, $x,y \in \mathbb{C}^m$. Cette multiplication possède une unité b_o ; si le carré de la norme $|X|^2$ est défini par $|X|^2 = \xi\bar{\xi} + x\cdot\bar{x} = \xi\bar{\xi} + \sum_{j=1}^{m} x_j\bar{x}_j$, on vérifie facilement la loi des normes. En termes réels, il s'agit d'une multiplication dans R^{2m+2} avec (1) et (2), d'où $2m+2 = 8$ (2 et 4 sont trop petits), c.à.d. $m = 3$.

Passons à la démonstration du théorème d'Adams. Pour cela supposons donnée une application $\Phi\colon S_{2n-1} \to S_n$, $n > 1$, avec $\gamma(\Phi) = 1$, et formons le polyèdre $X = S_n \cup_\Phi CS_{2n-1}$ obtenu en attachant le cône sur S_{2n-1} à S_n en vertu de l'application Φ. La cohomologie de ce polyèdre fini est bien connue: il n'y a pas de torsion dans $H^*(X;Z)$; les $H^p(X;Z)$ sont nuls à l'exception de H^o, H^n et H^{2n} qui sont $\cong Z$; l'algèbre $H^*(X;Z)$ est l'algèbre de polynômes $Z[a]$ modulo l'idéal (a^3) engendré par a^3 , a étant un générateur de $H^n(X;Z)$. Le théorème d'Adams est une conséquence immédiate du théorème cohomologique suivant.

<u>Théorème</u>. <u>Soit X un polyèdre fini avec</u> $H^*(X;Z) = Z[a]/(a^3)$, <u>a étant un élément de</u> $H^n(X;Z)$, $n > 1$. <u>Alors</u> $n = 2,4$ <u>ou</u> 8.

Démonstration. Par hypothèse, X n'a pas de torsion. Il est clair que n doit être pair, $n = 2m$ (sinon on aurait $a^2 = - a^2$). Considérons le caractère de Chern $ch: K^o(X) \to H^*(X;Q)$. L'élément $a \in H^{2m}(X;Z)$ est un générateur de $H^*(X;Q) = Q[a]/(a^3)$. Il existe un élément $z \in K^o(X)$ tel que

$$ch\ z = a + \lambda a^2 , \qquad \lambda \in Q;$$

on a $ch\ z^2 = a^2$. Les opérations ψ_k d'Adams appliquées à z donnent

$$ch\ \psi_k z = k^m a + \lambda k^{2m} a^2$$

donc $ch(\psi_k z - k^m z) = \lambda(k^{2m} - k^m) a^2 = \mu_k a^2$, où μ_k doit être un entier. Comme $ch(\psi_k z - k^m z) = \mu_k ch\ z^2$, et que ch est monomorphe, il s'ensuit que

$$\psi_k z = k^m z + \mu_k z^2$$

avec $\mu_k = \lambda k^m(k^m-1) \in Z$. En particulier $\psi_2 z = 2^m z + \mu_2 z^2 = z^2 - 2\Lambda^2 z$ entraîne que μ_2 <u>est impair</u>, c.à.d. $\lambda 2^m(2^m-1)$

est impair, et $\lambda \in \mathbb{Q}$ est de la forme $\lambda = \frac{u}{v2^m}$, u,v impair. Comme $\mu_k = \frac{u}{v2^m} k^m(k^m-1)$ est entier pour tout $k = 1,2,\ldots$ on peut tirer des conclusions en choisissant des valeurs particulières de k.

Prenons $m > 1$, et k <u>impair</u>; il s'ensuit alors que 2^m divise k^m-1. Par exemple, pour $k = 2^{m-1}+1$, on a

$$(2^{m-1}+1)^m-1 = 2^m(\text{entier}) + m2^{m-1} \quad \text{divisible par } 2^m ,$$

ce qui entraîne m = pair, $m = 2h$. Et pour $k = 2^h+1$, on a

$$(2^h+1)^{2h}-1 = 2^{2h}(\text{entier}) + 2h\cdot 2^h \quad \text{divisible par } 2^{2h} ,$$

ce qui entraîne que $2h\cdot 2^h$ est divisible par 2^{2h}, ou

$$h \text{ divisible par } 2^{h-1} ;$$

c'est le cas pour $h = 1$ et 2, mais c'est impossible pour $h \geq 3$. Il s'ensuit donc que $h = 1$ ou 2, c.à.d. $m = 2$ ou 4 (ou 1), et finalement $n = 2,4$ ou 8.

B I B L I O G R A P H I E

1 J.F. Adams: On Chern characters and structure of the unitary group. Proc. Camb. Phil. Soc. 57, 189-199 (1961).

2 J.F. Adams: Vector fields on spheres. Ann. Math. 75, 603-632 (1962).

3 M.F. Atiyah and F. Hirzebruch: Charakteristische Klassen und Anwendungen. (Kolloquium Zürich 1960), Ens. Math. Monogr. 11, 71-96.

4 M.F. Atiyah and F. Hirzebruch: Riemann-Roch theorems for differentiable manifolds. Bull. Ann. Math. Soc. 65, 276-281 (1959).

5 M.F. Atiyah and F. Hirzebruch: Vector bundles and homogeneous spaces. Diff. Geom. Proc. of Symposia A.M.S. vol.3 (1961).

6 M.F. Atiyah and I.M. Singer: The index of elliptic operators on compact manifolds. Bull. Am. Math. Soc. 69, 422-433 (1963).

7 A. Borel and F. Hirzebruch: Characteristic classes and homogeneous spaces. Amer. J. of Math. 80, 458-538 (1958).

8 B. Eckmann: Homotopie et Cohomologie. Sém. Montréal, Presses de l'Université No.11 (1965).

9 B. Eckmann and P.J. Hilton: Composition functors and spectral sequences. Comm. Math. Helv. 41, 187-221 (1967).

10 B. Eckmann and P.J. Hilton: Exact couples in Abelian Categories. Journal of Algebra 3, 38-87 (1966).

11 F. Hirzebruch: Topological Methods in Algebraic Geometry. 3d edition, Springer-Verlag (1966).

12 M.A. Kervaire: Non parallelizability of the n-sphere for n > 7. Proc. Nat. Acad. Sci. USA (1958), 280-283.

13 B. Morin: Champs de vecteurs sur les sphères d'après J.F. Adams. Séminaire Bourbaki 14, No. 233 (1961/62).

14 J.P. Serre: Homologie singulière des espaces fibrés. Applications. Ann. of Math. 54, 425-505 (1951).

15 C.W. Whitehead: Generalized homology theories. Trans. Amer. Math. Soc. 102, 227-283 (1962).

CENTRO INTERNAZIONALE MATEMATICO ESTIVO
(C.I.M.E.)

C. TELEMAN

"SUR LE CARACTERE DE CHERN D'UN FIBRE VECTORIEL COMPLEXE DIFFERENTIABLE"

Corso tenuto all'Aquila dal 2 al 10 settembre 1966

SUR LE CARACTERE DE CHERN D'UN FIBRE VECTORIEL COMPLEXE DIFFERENTIABLE.

par

C. Teleman (Bucarest)

Soit X une variété différentiable compacte de classe C^∞ et $\xi^n = (E, p, X)$ un fibré vectoriel complexe sur X. On sait qu'il existe dans ce fibré une famille assez large de connexions linéaires et même des connexions linéaires ayant pour groupe d'holonomie le groupe unitaire de la fibre type C^n. Soit Γ une telle connexion dans ξ. Γ permet d'associer à tout chemin rectifiable f de X et à tout point $y_o \in E_{f(o)}$ un chemin rectifiable $\tilde{f} = \Gamma(f, y_o)$ de E, ayant l'origine en y_o et se projettant par π sur f, donc tel que $\pi \circ \tilde{f} = f$.

Si l'on fixe un point x_o dans X, à tout lacet $f : I \longrightarrow X$, $f(o) = f(1) = x_o$ on peut associer une transformation unitaire de $E_{x_o} = C^n$ par la formule

$$y \rightarrow \Gamma(f, y) (1)$$

et que nous désignérons par $r_\Gamma(f)$. Si $f = f_1 * f_2$ dans le groupoïde ΩX des lacets différentiables de X, alors on a

$$r_\Gamma(f_1 * f_2) = r_\Gamma(f_2) \circ r_\Gamma(f_1)$$

donc r_Γ est une <u>représentation</u> du groupoïde ΩX dans le groupe unitaire $G = U(n)$, ayant pour image le groupe d'holonomie de la connexion Γ.

La représentation r_Γ a les propriétés suivantes;

1°. $r_\Gamma(f)$ ne change pas si f est remplacé par un chemin de la forme $f \circ \varphi$, où φ est une application à variation bornée et continue ,

$$\varphi : I \longrightarrow I \quad \text{avec } \varphi(o) = o \ , \ \varphi(1) = 1 .$$

2°. Si f est un lacet de la forme $(f_1 * f_2) * (\hat{f}_2 * f_3)$, où f_1, f_2, f_3 sont trois chemins rectifiables de X, alors $r_\Gamma(f) = r_\Gamma(f_1 * f_3)$.

Definition. Nous appelons caractère d'holonomie de la connexion Γ la fonction $\chi_\Gamma : \Omega X \longrightarrow C$ qui associe à chaque lacet $f \in \Omega X$ la trace de la transformation linéaire $r_\Gamma(f)$.

Remarquons maintenant que la connaissance de la représentation r_Γ permet de construire le fibré ξ, à une équivalence près.

En effet, en supposant comme la représentation

$$r_\Gamma : \Omega X \longrightarrow G ,$$

et en considérant un recouvrement $\{U_\alpha\}$ de X par une famille de boules ouvertes U_α de X, on peut construire un système de "fonctions de passage"

$$g_{\alpha\beta} : U_\alpha \cap U_\beta \rightarrow G , \quad (U_\alpha \cap U_\beta \neq \emptyset)$$

de la manière suivante : on choisit pour chaque indice α un chemin $\lambda_\alpha : I \rightarrow X$ ayant

$$\lambda_\alpha(0) = x_o , \quad \lambda_\alpha(1) = x_\alpha \in U_\alpha$$

et on associe à chaque point $x \in U_\alpha$ le rayon $g_\alpha^x = x_\alpha x$. Pour $x \in U_\alpha \cap U_\beta$, on aura alors

$$g_{\alpha\beta}(x) = r_\Gamma((\lambda_\alpha * g_\alpha^x) * (\hat{g}_\beta^x * \hat{\lambda}_\beta)) \in G$$

et on vérifie facilement que les fonctions $g_{\alpha\beta}$ sont les "fonctions de passage" d'un fibré η sur X, relativement au recouvrement $\{U_\alpha\}$. De plus, il n'est pas difficile à prouver que η est isomorphe au fibré ξ dans lequel on a choisit la connexion Γ.

De cette remarque il en résulte que tous les invariants d'un fibré ξ doivent s'exprimer à l'aide de n'importe quelle connexion Γ de ξ. En particulier, les classes de Chern de ξ et le caractère de Chern de ξ doivent être exprimables à l'aide d'une connexion de ξ.

On doit à M. M. Chern et A. Weil des formules qui permettent d'exprimer les classes de Chern réelles de ξ, dans le complexe de M. G. de Rham de X, en utilisant les formes de courbure d'une connexion Γ de ξ. Cela nous permet aussi d'obtenir le caractère de Chern de ξ

$$\mathrm{ch}(\xi) = n + s_1(\xi) + \frac{1}{2!} s_2(\xi) + \frac{1}{3!} s_3(\xi) + \dots$$

à l'aide des formes de courbure de ξ. En effet, on sait qu'on peut exprimer les classes $s_1(\xi)$, $s_2(\xi)$, ... en fonction des classes $c_1(\xi)$, $c_2(\xi)$, ... en éliminant les indétérminées $t_1, \dots, t_n$ dans les équations

$$c_i(\xi) = \sum t_1 \dots t_i$$
$$s_i(\xi) = \sum_{i=1}^{n} t_i^{i} .$$

Nous montrerons maintenant que <u>la connaissance du caractère χ_Γ d'une connexion Γ de ξ est suffisante pour construire le caractère de Chern de ξ dans le complexe de M. de Rham.</u>

D'une manière plus précise, nous obtiendrons le résultat suivant[1)], du en partie à N. Teleman [2] :

Connaissant le caractère χ d'une connexion Γ de ξ, nous allons construire, dans une prémière étape, une cochaine ρ_{2p} de dimension donnée 2p. Et en suite, en " rafinant" la cochaine ρ_{2p}, nous

1) On peut ramarquer que la composante de degré 0 de ch(ξ), c'est - à -dire la dimension n des fibres, est la valeur du caractère χ pour le chemin constant $I \longrightarrow \{x_o\}$.

obtiendrons une cochaine γ_{2p}', qui est un cocycle défini précisement par la forme différentielle T de X qui definit la classe s_p, par l'intermède des formes de courbure de Γ.

Pour définir la cochaine ρ_{2p}', considérons un simplexe différentiable de X,

$$s : \Delta^{2p} \to X$$

et considérons les $(2p)!$ chemins de Δ^{2p} de la forme

$$u_\tau = A_o A_{\tau(1)} A_{\tau(2)} \dots A_{\tau(2p)} A_o ,$$

obtenus en parcourant 2p + 1 arêtes de Δ^{2p} dans un ordre fixé par une permutation τ des indices $1, 2, \dots, 2p$. Si λ_s est un chemin de X qui va de x_o à $s(A_o)$, on obtient $(2p)!$ la cets de X en posant

$$f_\tau^s = (\lambda_s * (s \circ u_\tau)) * \hat{\lambda}_s .$$

Posons alors

$$\rho_{2p}(s) = \sum_\tau \operatorname{sgn} \tau \; \chi(f_\tau^s) .$$

Il est manifeste que $\rho_{2p}(s)$ ne depend pas du choix du chemin λ_s. Par linéarité, on obtient une cochaine ρ_{2p} sur X, qui n'est pas un cocycle. Mais si l'on pose

$$\gamma_{2p}(s) = \lim_{n \to \infty} \rho_{2p}(\operatorname{Sd}^n s) ,$$

où Sd est l'opérateur de sous - division barycentrique, on arrive à un cocycle γ_{2p}' et on a

$$\gamma_{2p}(s) = \int_s T'_{2p} .$$

C. Teleman

La démonstration s'appuye sur le lemme 2 et sur une définition nouvelle de la forme de courbure de la connexion Γ, qui permet de rester dans l'espace X. Par contre, la définition classique de la forme de courbure utilise l'espace fibré principal associé à ξ.

1. Soit G un groupe de Lie linéaire opérant dans une espace vectoriel V, réel ou complexe; nous désignons par $\mathcal{L}(V)$ l'anneau des endomorphismes de V. On a $G \subset \mathcal{L}(V)$. Bien que nous ne l'utiliserons pas, nous allons énoncer le lemme 1, qui est analogue au lemme 2 dont nous avons besoin et qui, comme le dernier, est susceptible d'une généralisation immédiate.

Lemme 1. Soient $v_1, \ldots, v_p$ p vecteurs tangents à G au point e, l'unité de G. Soient $g_1, \ldots, g_p$ p chemins de classe C^p de G, ayant l'origine en e et les vecteurs $v_1, \ldots, v_p$ comme vecteurs tangents en leur origine commune. Dans ce cas, les vecteurs dérivés du chemin γ de $\mathcal{L}(V)$, défini par

$$\gamma : \ t \longrightarrow \sum_{\tau} \operatorname{sgn} \tau . \ g_{\tau(1)} \cdots g_{\tau(p)}$$

sont nuls jusqu'à l'ordre $2\left[\frac{p}{2}\right] - 1$ et la valeur du $2\left[\frac{p}{2}\right]$-ème vecteur dérivé en $t = 0$ est égale à

$$p! \sum_{\tau} \operatorname{sgn}\tau \, v_{\tau(1)} v_{\tau(2)} \cdots v_{\tau(p)} \ , \quad \text{pour p pair}$$

(1) $$-\sum_{\tau} \operatorname{sgn}\tau \sum_{s=1}^{p} (-1)^s \ v_{\tau(1)} \cdots \widehat{v}_{\tau(s)} \cdots v_{\tau(p)} \ , \quad \text{pour p impair}$$

Démonstration. Pour tout entier positif q on a une formule de la forme

$$(2) \qquad \frac{d^q\gamma}{dt^q} = \sum_{h,\tau} c_h \operatorname{sgn}\tau \, g^{(h_1)}_{\tau(1)} \, g^{(h_2)}_{\tau(2)} \cdots g^{(h_p)}_{\tau(p)}$$

où $h = (h_1, \ldots, h_p)$ est une suite formée de p nombres entiers nuls ou positifs, ayant la somme égale à q et c_h sont des nombres naturels.

Pour une suite h fixée, ayant au moins deux termes h_i, h_j nuls, la somme formée par les termes de (2), corréspondants à cette suite h et aux diverses permutations τ est nulle pour $t = 0$, car la transpostition des facteurs $g^{(0)}_{\tau(i)} = g^{(0)}_{\tau(j)} = e$ laisse invariante cette somme et en même temps, change le signe devant chacun de ses termes. Pour $q < p-1$, ce cas se présente pour toute suite h, donc on a

$$\left.\frac{d^q\gamma}{dt^q}\right|_{t=0} = 0 , \qquad (q = 0, 1, \ldots, p-2) .$$

Pour $q = p-1$, les seuls termes qui ont un seul h_i nul sont ceux qui ont tous les autres h_j egaux à 1. Si p est un nombre impair, la somme des termes ayant $h_i = 0$, $h_j = 1$ et $\tau(j)$ fixés $(j \neq i)$ est

$$- \operatorname{sgn} \sum_{s=1} (-1)^s \, v_{\tau(1)} \cdots \hat{v}_{\tau(s)} \cdots v_{\tau(p)} ,$$

d'où la formule (1) pour p impair. Par contre, pour p pair, la même somme s'annule, donc on a $\frac{d^{p-1}\gamma}{dt^p}(0) = 0$. Les termes de $\frac{d^p\gamma}{dt^p}(0)$ qui correspondent à une suite h ayant un seul h_i nul s'annule pour la même raison. Les seuls termes de cette dérivée qui ne se réduisent pas sont donc seulement ceux qui corréspondent à la suite $h = (1, 1, \ldots, 1)$ et leur somme est celle donnée par (1) pour p pair.

Lemme 2. Soient g_{ij}, $(i,j = 0,1,\dots, 2p)$ un système de chemins de G, de classe C^p, ayant $g_{ij}(0) = e$, $\frac{dg_{ij}}{dt}(0) = v_{ij}$. Considérons les chemins c, h de $\mathcal{L}(V)$ donnés par :

$$c \; : \; t \longrightarrow \frac{1}{2}\sum_{\tau} \operatorname{sgn}\tau \, g_{\tau_0\tau_1} \, g_{\tau_1\tau_2} \cdots g_{\tau_{2p-1}\tau_{2p}} \, g_{\tau_{2p}\tau_0} ,$$

$(\tau$ = permutations de $(0,1,\dots, 2p))$,

$$h \; : \; t \longrightarrow \sum_{s=o}^{2p} (-1)^s \sum_{\tau^s} \operatorname{sgn}\tau^s \, . \, g_{\tau_1^s\tau_2^s} \, g_{\tau_3^s\tau_4^s} \cdots g_{\tau_{2p-1}^s\tau_{2p}^s} ,$$

$(\tau^s$ = permutations de $(0,1,\dots,\hat{s},\dots, 2p))$

Les prémières p-1 vecteurs dérivés de ces chemins sont nuls en t = 0 et les p-ièmes vecteurs dérivés ont la même valeur en t = 0 , égale à

$$(3) \qquad p!\sum_{s=o}^{2p} (-1)^s \sum_{\tau^s} \operatorname{sgn}\tau^s \, , \; v_{\tau_1^s\tau_2^s} \cdots v_{\tau_{2p-1}^s\tau_{2p}^s}$$

Démonstration. Si l'on dérive $q(<p)$ fois la fonction vectorielle c, des 2p+1 facteurs qui figurent dans chaque terme de la somme corréspondante, $2p+1 - q(>p+1)$ seront non dérivés et leurs valeurs en t = 0 seron égales à e. Chacun des facteurs dérivés contient deux indices et comme on peut avoir, dans chaque terme au plus q facteurs dérivés, il en résulte qu'on a au plus $2q < 2p$ indices qui figurent dans des facteurs $\neq e$. Donc on a, dans chaque terme, au moins deux indices, disons i_α , i_β qui figurent seulement dans des facteurs égaux à l'unité e. Cela veut dire que chaque terme, calculé en t = 0 , contient des facteurs de la forme

(4) $$g_{\tau_{\alpha-1}\tau_\alpha}(0)g_{\tau_\alpha\tau_{\alpha+1}}(0)\dots g_{\tau_{\beta-1}\tau_\beta}(0)g_{\tau_\beta\tau_{\beta+1}}(0)\dots$$

Si l'on permute les indices τ_α, τ_β, le signe devant ces termes sera changé et la somme de ces deux termes sera nulle. Donc la somme des termes ayant les facteurs (4) non dérivés est nulle. Fixant α, on en déduit que la somme des termes ayant les facteurs (4) avec α fixé et $\beta \neq \alpha$ variable, est nulle. L'indice α étant arbitraire, il en résulte qu'on a $\frac{d^q c}{dt^q}(0) =$ pour $q < p$.

Si l'on considère la dérivée d'ordre p de la fonction c en $t = 0$, le raisonement précédent montre que les termes qui contiennent au plus p-1 facteurs dérivés s'annulent Donc les seuls termes qui peuvent apparaître dans cette dérivée sont ceux qui ont p facteurs dérivés (chacun une seule fois !). Ces termes sont de deux types. A savoir, on a des termes ayant deux facteurs voisins dérivés, disons

$$\frac{dg_{\tau_\alpha\tau_{\alpha+1}}(0)}{dt} \quad \frac{dg_{\tau_{\alpha+1}\tau_{\alpha+2}}(0)}{dt}$$

et on a des termes pour lesquels deux quelconques des facteurs dérivés n'ont auxun indice commun. Pour un terme t de ce type, 2p-1 au plus des autres indices peuvent apparaître dans des facteurs dérivés et on aura au moins deux indices τ_α, τ_β, qui ne figurent dans aucun facteur dérivé de t. Le raisonnement précédent s'applique et il en résulte que les termes du premier type s'annulent deux à deux dans $\frac{d^p c}{dt^p}(0)$.

En ce qui concerne les termes du second type, ils sont de la forme:

$$t_1 = \frac{1}{2}\ {}^{v}\tau_o\tau_1\ \ {}^{v}\tau_1\tau_2 \cdots {}^{v}\tau_{2p-2}\ \tau_{2p-1}$$

ou de la forme

$$t_2 = \frac{1}{2}\ {}^{v}\tau_1\,\tau_2\ \ {}^{v}\tau_3\,\tau_4 \cdots {}^{v}\tau_{2p-1}\ \tau_{2p}\ .$$

Le terme t_1 peut provenir de la permutation τ et aussi de la permutation τ_1, obtenue de τ en posant τ_{2p} devant τ_o. Le terme t_2 provient de la permutation τ et aussi de la permutation τ_2, obtenue de τ en posant τ_o après τ_{2p}. On a $\operatorname{sgn}\tau = \operatorname{sgn}\tau_1 = \operatorname{sgn}\tau_2$ et il en résulte la formule

$$\frac{d^p c}{dt^p}(0) = p!\sum_t \operatorname{sgn}\tau\,.\ {}^{v}\tau_1\tau_2\ \ {}^{v}\tau_3\tau_4 \cdots {}^{v}\tau_{2p-1}\ \tau_{2p}$$

Supposons qu'on a $\{0, 1, \dots, 2p\} = \{s\} \cup \{\tau_1, \dots, \tau_{2p}\}$. Si l'on désigne par τ^s la permutation $(0, \dots, \hat{s}, \dots, 2p) \longrightarrow (\tau_1, \dots, \tau_{2p})$, on a $\operatorname{sgn}\tau = (-1)^s\ \operatorname{sgn}\tau^s$.

Calculons manintenant les dérivées de la fonction h; chaque terme de la somme que définit h contient p facteurs. Les termes des derivées $\frac{d^q h}{dt^q}$, $(q < p)$ auront chacun au moins un terme $g_{\tau_{2i-1}\tau_{2i}}$ non dérivé, qui sera égal à e pour $t = 0$. Ce terme, dans la même place, peut apparaître dans la permutation τ, ainsi que dans la permutation τ', obtenu de τ par la transposition des indices τ_{2i-1}, τ_{2i}. Comme on a $\operatorname{sgn}\tau = -\operatorname{sgn}\tau'$, il en résulte $\frac{d^q h}{dt^q}(0) = 0$ pour $q < p$. Le même raisonnement montre que les seuls termes qui peuvent apparaître avec des coefficients non nuls dans $\frac{d^p h}{dt^p}(0)$ sont

$$(-1)^s \operatorname{sgn} \tau^s \; \overset{v}{\tau^s_1 \tau^s_2} \; \overset{v}{\tau^s_3 \tau^s_4} \cdots \overset{v}{\tau^s_{2p-1} \tau^s_{2p}}$$

et chacun de ces termes se repète p fois.

2. Soit $\xi = (B, p, X)$ un espace fibré vectoriel, ayant pour base la variété différentiable X et soit Γ une connexion infinitésimale linéaire dans cet espace fibré. Si x_o est un point fixé de X, et si l'on designe par V la fibre en x_o, chaque chemin rectifiable [1] f de X, ayant $f(0) = f(1) = x_o$, définit un élément r(f) du groupe d'holonomie G de C, qui opère linéairement dans V.

Soit ℓ un chemin de X ayant l'origine en x_o et soient g_1, g_2 deux chemins ayant l'origine en $\ell(1)$ et admettant les vecteurs $v_1, v_2 \in X_{\ell(1)}$ pour vecteurs tangents en ce point. Nous supposerons que pour chaque $t \in [0, 1]$, les points $g_1(t)$, $g_2(t)$ sont assez voisins pourqu'il existe un arc de géodésique minimale [2] qui les joint, et nous désignérons par r_t le chemin définit par cet arc, ayant le paramètre s proportionel aux longueurs calculées de $g_1(t)$ à $g_2(t)$. Soit f^t le chemin composé

$$f^t = \ell g_1^t \, r_t \, \hat{g}_2^t \, \hat{\ell}, \qquad (t \in [0, 1])$$

où $g_1^t(s) = g_1(ts)$, $g_2^t(s) = g_2(ts)$, $(s \in [0, 1])$.

Le chemin de $\mathcal{L}(V)$

$$t \longrightarrow r(f^t) \in G$$

[1] Les chemins que nous allons considérer seront toujours rectifiables, même quand cette qualité ne sera pas specifiée.

[2] Nous supposerons qu'on a choisie, une fois pour toutes, une structure riemannienne et c'est de ses géodésiques qu'il s'agira dans ce texte.

admet une dérivée en $t=0$, qui ne dépends que de ℓ et des vecteurs v_1, v_2 et que nous notérons $\Omega(\ell; v_1, v_2)$. Pour ℓ donné, c'est une forme bilinéaire en v_1, v_2, que nous appelerons <u>forme de courbure de la connexion</u> Γ, <u>corréspondant au chemin</u> ℓ. Ses valeurs appartiennent à l'algèbre de Lie du groupe G.

Considérons maintenant 2p+1 chemins de X, $g_o, g_1, \dots, g_{2p}$, ayant l'origine en $\ell(1)$ et ayant en ce point les vecteurs tangents $v_o, v_1, \dots, v_{2p}$. Supposons que pour chaque $t \in [0,1]$, les points $g_i(t)$ sont deux à deux à distances suffisamment petites, pour qu'il existe des chemins géodésiques uniques f^t_{ij}, tels que $f^t_{ij}(0) = g_i(t)$, $f^t_{ij}(1) = g_j(t)$. Posons

$$\varphi^t_{ij} = \ell g^t_i \, f^t_{ij} \, \hat{g}^t_j \, \hat{\ell}, \qquad g_{ij}(t) = r(\varphi^t_{ij}) \in G,$$

$$c(t) = \frac{1}{2} \sum_{\tau} \operatorname{sgn} \tau \,.\, r(\varphi^t_{\tau_o \tau_1} \varphi^t_{\tau_1 \tau_2} \cdots \varphi^t_{\tau_{2p} \tau_o})$$

$$= \frac{1}{2} \sum_{\tau} \operatorname{sgn} \tau \, g_{\tau_o \tau_1}(t) \cdots g_{\tau_{2p} \tau_o}(t),$$

$$h(t) = \sum_{s,\tau} (-1)^s \operatorname{sgn} \tau^s \, g_{\tau^s_1 \tau^s_2} \cdots g_{\tau^s_{2p-1} \tau^s_{2p}}.$$

Le lemme 2 nous donne les formules

$$\frac{d^p h}{dt^p}(0) = \frac{d^p c}{dt^p}(0) = p! \sum_{s=o}^{2p} (-1)^s \sum_{\tau^s} \operatorname{sgn} \tau^s \, \Omega(\ell; v_{\tau^s_1}, v_{\tau^s_2}) \, \Omega(\ell; v_{\tau^s_3}, v_{\tau^s_4}) \cdots$$

$$\cdots \Omega(\ell; v_{\tau^s_{2p-1}}, v_{\tau^s_{2p}}).$$

Si g_o est un chemin constant, on aura $v_o = 0$ et la somme précédente se réduira à

$$(7) \qquad \frac{d^p h}{dt^p}(0) = \frac{d^p c}{dt^p}(0) = p! \sum_{\tau^o} \operatorname{sgn} \tau^o \, \Omega(\ell; v_{\tau_1}, v_{\tau_2}) \ldots \Omega(\ell; v_{\tau_{2p-1}}, v_{\tau_{2p}})$$

où τ^o sont les permutations de $(1, 2, \ldots, 2p)$.

On peut obtenir une intérpretation géométrique des chemins $\varphi^t_{\tau_o \tau_1} \varphi^t_{\tau_1 \tau_2} \ldots \varphi^t_{\tau_{2p} \tau_o}$, en observant qu'un tel chemin est formé de $2p+1$ arêtes f^t_{ij} du $2p$- simplexe singulier de X ayant les sommets

$$(7') \qquad g_o(t), \quad g_1(t), \ldots, g_{2p}(t)$$

et de $2p+1$ arcs de géodésiques qui unissent $\ell(1)$ avec ces sommets, se succédent dans l'ordre

$$(8) \quad g^t_{\tau_o}, \; f^t_{\tau_o \tau_1}, \hat{g}^t_{\tau_1}, \; g^t_{\tau_1}, \; f^t_{\tau_1 \tau_2}, \; \hat{g}^t_{\tau_2}, \; g^t_{\tau_2}, \; f^t_{\tau_2 \tau_3}, \ldots, \; f^t_{\tau_{2p} \tau_o}, \; \hat{g}^t_{\tau_o}$$

Si l'on designe par $\varphi_\tau(t)$ la ligne poligonale courviligne fermée, ayant la suite (7') comme suite de sommets succesifs, on aura

$$\varphi^t_{\tau_o \tau_1} \varphi^t_{\tau_1 \tau_2} \cdots \varphi^t_{\tau_{2p} \tau_o} = g^t_{\tau_o} \varphi_\tau(t) \; \hat{g}^t_{\tau_o}$$

et alors

$$c(t) = \frac{1}{2} \sum_\tau \operatorname{sgn} \tau . r(g^t_{\tau_o} \varphi_\tau(t) \; \hat{g}^t_{\tau_o}) \; ;$$

il en résulte qu'on a

$$\sigma(t) = \text{trace de } c(t) = \frac{1}{2} \sum_\tau \operatorname{sgn} \tau . \text{trace } r(\varphi_\tau(t)) = \frac{1}{2} \sum_\tau \operatorname{sgn} \tau . \chi(\varphi_\tau(t)) \, ,$$

χ étant le caractère de la connexion Γ. On aura de même

$$\frac{d^p}{dt^p}\left[\frac{1}{2}\sum_\tau \operatorname{sgn}\tau \,.\, \varkappa(\varphi_t(t))\right]_{t=o} =$$

$$= \frac{1}{2}\sum_\tau \operatorname{sgn}\tau \,.\, \frac{d^p}{dt^p}\,(\text{trace } r(\varphi_\tau(t)))_{t=o} =$$

$$= p!\sum_{s=o}^{2p}(-1)^s\sum_{\tau^s}\operatorname{sgn}\tau^s\,\Omega(\ell; v_{\tau_1^s}, v_{\tau_2^s})\ldots\Omega(\ell; v_{\tau_{2p-1}^s}, v_{\tau_{2p}^s}).$$

De cette formule on peut déduire une intérpretation des formes différentielles $\mathcal{T}_{2p}$, qui représentent, via l'isomorphisme de de Rham, les classes caractéristiques qui entrent dans le caractère de Chern d'un espace fibré vectoriel complexe ξ ayant la variété X pour base. Considérons en effet le simplexe standard Δ^{2p} et formons avec ses arêtes (2p)! chemins fermés $\mathcal{U}_\tau = A_o A_{\tau_1} \ldots A_{\tau_{2p}} A_o$, A_i étant les sommets de Δ^p et $\tau = (\tau_1, \ldots, \tau_{2p})$ une permutation des indices $(1, \ldots, 2p)$.

A un simplex singulier différentiable $f\cdot \Delta^p \to X$ de la variété X on peut associer le nombre

$$\rho\,(f) = \operatorname{Sp}\,(\sum_\tau \operatorname{sgn}\tau\, r\,(f o u_\tau)) = \sum_\tau \operatorname{sgn}\tau . x\,(f o u_\tau)$$

Si l'on désigne par Sd l'opérateur de la division barycentrique, la formule obtenue plus haut montre qu'on a

$$(9) \qquad \int_f \mathcal{T}_{2p} = \lim_{n\to\infty}\ \rho\,(Sd^n f),$$

où $\mathcal{T}_{2p}$ est la forme différentielle extérieure définie sur X par la formule

$$\mathcal{T}_{2p}(v_1, \ldots, v_{2p}) = p!\sum_s(-1)^s\sum_{\tau^s}\operatorname{sgn}\tau^s\,.\,\Omega\,(\ell; v_{\tau_1^s}, v_{\tau_2^s})\ldots$$

$$\ldots \Omega(\ell; v_{s_{\tau_{2p-2}}}, v_{s_{\tau_{2p}}}),$$

ℓ étant un chemin arbitraire liant x_o avec l'origine commune des vecteurs $v_1, \ldots, v_{2p}$.

On sait d'autre part que les formes $\mathcal{T}_{2p}$ sont, à un coefficient constant non nul près, les formes de l'anneau caractéristique de M. A. Weil qui composent, dans le complexe de M. de Rham, le caractère de Chern du fibré ξ.

BIBLIOGRAPHIE.

1. Chern, Complex differentiable manifolds, Chicago, 1959

2. N. Teleman, Studii si Cercetari Matematice, 1966, vol. 5.

CENTRO INTERNAZIONALE MATEMATICO ESTIVO
(C. I. M. E.)

E. THOMAS

CHARACTERISTIC CLASSES AND DIFFERENTIABLE MANIFOLDS

Corso tenuto all'Aquila dal 2 al 10 settembre 1966

Characteristic Classes and Differentiable Manifolds

Emery Thomas*

Lecture I. Smooth manifolds

These lectures might be more accurately titled "The application of characteristic classes to geometric problems on manifolds." In particular we will be interested in studying vector fields on manifolds. This first lecture gives the basic definitions we will need throughout the course.

1. Smooth manifolds. Let R denote the real numbers and R^n, for $n \geq 1$, the space of n-tples $(x_1,\ldots,x_n)$, $x_i \in R$. Let U be an open set in R^n. A map $f: U \to R$ will be called smooth if its partial derivatives of all orders exist and are continuous. More generally, a map $f: U \to R^q$ will be called smooth if each coordinate function f_j is smooth, where $f_j: U \to R$ is given by the following composition:

$$U \xrightarrow{f} R^q \xrightarrow{\text{proj. on } j^{th} \text{ factor}} R, \quad i \leq j \leq q.$$

A subspace $M \subset R^q$ is called a smooth manifold of dimension $m \geq 1$, if for each point p in M there is a smooth map

$$h: U \to R^q$$

defined on an open subset $U \subset R^m$ such that:

1) h maps U homeomorphically onto a neighborhood V of p in M;

2) For each u in U the Jacobian matrix

---

*Research supported by the National Science Foundation.

$$\left(\frac{\partial h_j}{\partial x_i}(u) \right) \qquad 1 \le j \le q, \quad 1 \le i \le m,$$

has rank m.

The neighborhood V will be called a <u>coordinate neighborhood</u> in M and the triple (U,V,h) will be called a <u>local coordinate system</u> (about p).

<u>Examples of smooth manifolds</u>

a. R^m itself. Here $U = R^m$ and h = identity.

b. More generally, any open set U in R^m is a smooth m-manifold.

c. Let $f: R^q \to R^{q-m}$ be a smooth map $(q > m \ge 1)$. For each $p \in R^{q-m}$, let $M(p) = f^{-1}(p) \subset R^q$. Suppose that for some $p \in R^{q-m}$, $M(p)$ is non-empty and for each u in $M(p)$, the Jacobian matrix $\left(\frac{\partial f_j}{\partial x_i}(u) \right)$ $(1 \le i \le q,\ 1 \le j \le q-m)$ has rank $q - m$. Then $M(p)$ is a smooth manifold of dim. m.

For proof see Lemma 1, page 11, of [M.2].

<u>Special case of c</u>. Define $f: R^{m+1} \to R$ by $f(x_1, \ldots, x_{m+1}) = \sum_{i=1}^{m+1} x_i^2$. Then $M(1)$ is the m-sphere $S^m \subset R^{m+1}$.

<u>Exercise</u> (generalization of the above example). Define $V_{m,k}$, $1 \le k \le m$, to be the space of all ordered orthonormal k-frames in R^m. That is, a point in $V_{m,k}$ is a k-tple $(v_1, \ldots, v_k)$, where each v_i is in R^m and where for $1 \le i,j \le k$, $v_i \cdot v_j = \delta_{ij}$. (Here the "dot" denotes the ordinary scalar product of vectors in R^m, and δ_{ij} is the Kronecker delta: $\delta_{ij} = 0$ if $i \ne j$, $\delta_{ii} = 1$.) Using c) prove that $V_{m,k}$ is a smooth

manifold of dimension $mk - \binom{k+1}{2}$, regarded as a subspace of R^{mk}. (We use the notation that for integers c,d, $\binom{d}{c}$ denotes the binomial coefficient $\frac{d!}{c!(d-c)!}$.) $V_{m,k}$ is called the Stiefel manifold of orthonormal k-frames in R^m.

d. Real projective m-space, $m \geq 1$. We define P^m to be the quotient space obtained from S^m by identifying antipodal points; i.e., P^m consists of all pairs $(v,-v)$, $v \in S^m$. (See [Hu, p. 42] for a discussion of the quotient topology.)

Claim: P^m is a smooth manifold of dim. m. We sketch a proof (following Milnor). For $1 \leq i, j \leq m+1$ define a smooth map $\rho_{ij}: R^{m+1} - \{0\} \to R$ by

$$\rho_{ij}(v) = v_i v_j/(v \cdot v),$$

where $v = (v_1, v_2, \ldots, v_{m+1})$. Notice that if $v \in S^m$ then $\rho_{ij}(v) = \rho_{ij}(-v)$, and so ρ_{ij} gives a map

$$\bar{\rho}_{ij}: P^m \to R.$$

Taking these $\binom{m+2}{2}$ maps as coordinate maps, we get a map

$$\bar{\rho}: P^m \to R^{\binom{m+2}{2}}.$$

It is easily seen that $\bar{\rho}$ is 1-1 and hence a homeomorphism onto its image (since P^m is compact). We leave it as an exercise to show that $\bar{\rho}(P^m) \subset R^{\binom{m+2}{2}}$ is a manifold of dim. m, which then makes P^m into a manifold.

E. Thomas

2. Smooth maps of manifolds. Let $M \subset R^q$ and $N \subset R^s$ be smooth manifolds. We say that a map $f: M \to N$ is smooth if for each p in M there is a coordinate system about p,

$$h: U \to M,$$

such that the composite map

$$U \xrightarrow{h} M \xrightarrow{f} N \subset R^s$$

is smooth. We say that f is a diffeomorphism if f is a homeomorphism of M onto N such that the inverse function $f^{-1}: N \to M$ is also smooth. Notice that using this terminology we can say that if (U,V,h) is a local coordinate system (for M), then h is a diffeomorphism between U and V.

3. The tangent space. Let $M \subset R^q$ be a smooth manifold of dim. m, and let p be a point in M. A smooth path through p is a smooth map

$$\alpha: (-\varepsilon,\varepsilon) \to M \quad (\varepsilon \in R,\ \varepsilon > 0)$$

such that $\alpha(0) = p$. The velocity vector of α is the vector $(\alpha_1'(0),\dots,\alpha_q'(0))$ in R^q where $\alpha_i'(0) = \left.\frac{d\alpha_i}{dt}\right|_{t=0}$. A vector v in R^q is tangent to M at P if

$$V = \text{velocity vector of some smooth path through } p.$$

We define the tangent space at p (written M_p) to be the set of all tangent vectors at p.

Let M and N be smooth manifolds and $f: M \to N$ a smooth map. Let α be a smooth path through p in M. Then $f\circ\alpha$ is a smooth path through $f(p)$ in N. Thus to each tangent vector v in M_p we associate a tangent vector, written $Df(v)$, in $N_{f(p)}$. Namely, if $v = \frac{d\alpha}{dt}\Big|_{t=0}$, then $Df(v) = \frac{d(f\circ\alpha)}{dt}\Big|_{t=0}$. In particular, if f is a diffeomorphism then Df sets up a 1-1 correspondence between M_p and $N_{f(p)}$.

Suppose that $M = U$, an open set in R^m. Then for $p \in U$, $U_p = R^m$. (For each vector v in R^m, let α_v be the smooth path $p + tv$, $t \in R$.) Now let $M \subset R^q$ be an arbitrary m-manifold and let $h: U \to M$ be a local coordinate system about p in M. Set $s = h^{-1}(p) \in U \subset R^m$. Since h is a diffeomorphism of U onto $h(U)$, it follows that Dh is a bijection between $R^m = U_s$ and M_p. Moreover, it is easily seen that if $v_1, v_2 \in U_s$ $(= R^m)$, then

$$Dh(v_1+v_2) = Dh(v_1) + Dh(v_2),$$

where the addition on the right takes place in R^q. Thus we have: <u>For each point</u> p <u>in</u> M, M_p <u>is an</u> m-<u>dimensional vector subspace of</u> R^q.

4. <u>The tangent bundle</u>. Let $M \subset R^q$ be a smooth manifold of dim. m. We define the <u>tangent bundle</u> of M to be the subspace

$$T(M) \subset M \times R^q$$

consisting of all pairs (p,v), where $p \in M$, $v \in M_p$. Notice that for an open set U in R^m, $T(U) = U \times R^m$. Since each m-manifold M is "locally" diffeomorphic to such open sets U, we see that "locally", $T(M)$ looks like $U \times R^m$. Using this fact one can easily show that $T(M)$ is a smooth manifold of dim. $2m$ (where we regard $T(M)$ as contained in $R^q \times R^q = R^{2q}$).

Define a smooth map $\pi: T(M) \to M$ by

$$\pi(p,v) = p \in M.$$

π is called the projection of the bundle.

5. The normal bundle. For each point p in a manifold $M \subset R^q$, define

$$M_p^\perp = \text{orthogonal complement to } M_p \text{ in } R^q.$$

Thus, $M_p^\perp$ consists of all vectors w in R^q that are perpendicular to (or normal to) the tangent space M_p. Since M_p is an m-dimensional subspace of R^q, $M_p^\perp$ is a $(q-m)$-dimensional subspace. We define the normal bundle of M to be the subspace

$$N(M) \subset M \times R^q$$

consisting of all pairs (p,w), p in M, w in $M_p^\perp$. Again we define a projection map $\pi: N(M) \to M$ by $\pi(p,w) = p$.

Remark 1. In what follows, by a manifold we will mean a connected, smooth manifold.

Remark 2. For simplicity and concreteness we have defined manifolds as embedded in R^q. For the theory of "abstract" manifolds see, for example, [A-M] and [Mu]

Remark 3. Much of the material in lectures I - IV is taken from the various lecture notes of Milnor (especially [M.1] and [M.2]). See also the forthcoming book by Husemoller ("Fibre Bundles", Mc Graw-Hill) and the book of Hirzebruch [H] .

E. Thomas

Lecture II. Vector bundles.

In this lecture we introduce the important notion of vector bundle, which generalizes the idea of the tangent bundle and normal bundle of a manifold.

1. Definition of vector bundle. Let B denote a fixed, topological space. A real vector bundle ξ of dimension $n \geq 0$ over B consists of the following (see [Milnor, 1]):

a) A space $E = E(\xi)$ called the total space.

b) A continuous map $\pi: E \to B$ called the projection.

c) For each b in B the structure of a real n-dimensional vector space in the set $F_b = \pi^{-1}(b)$. (F_b is called the fiber over b.)

These must satisfy the following condition of local triviality.

d) For each b in B there exists a neighborhood U of b, and a homeomorphism

$$h: U \times R^n \to \pi^{-1}(U),$$

so that for each b' in U the map

$$x \to h(b', x), \quad x \in R^n$$

defines an isomorphism between R^n and $\pi^{-1}(b')$.

An n-dimensional vector bundle is often called an n-plane bundle. The space B is called the base of the bundle.

As motivation for the definition of vector bundle, we have already seen two examples of bundles. Conforming to the idea that a vector bundle ξ is a triple (E, π, B), we now define the tangent bundle, $\tau(M)$, of a manifold M to be the triple $(T(M), \pi, M)$. (Thus $T(M)$ is now regarded as the total space of the tangent bundle.) We leave it to the reader to check that condition d) is satisfied for $\tau(M)$. Similarly, we now define the normal bundle of M, $\nu(M)$, to be the triple $(N(M), \pi, M)$. (One can show that condition d) is satisfied for the normal bundle.)

2. Sections, vector fields. Let $\xi = (E, \pi, B)$ be a vector bundle. By a section of ξ we mean a map $s: B \to E$ such that $\pi \circ s$ = identity of B. Suppose that $s_1, \ldots, s_k$ are sections of ξ. We say that they are linearly independent if, for each b in B, the vectors $s_1(b), \ldots, s_k(b)$ are linearly independent in the vector space F_b. A basic geometric question is: how many linearly independent sections does the bundle ξ have?

Let $M \subset R^q$ be a manifold. A section of the bundle $\tau(M)$ is called a tangent vector field on M. A section of $\nu(M)$ is called a normal vector field. We are interested in the questions: how many linearly independent tangent vector fields does M have? How many normal fields?

We will see in the ensuing lectures that the theory of characteristic asses will enable us to obtain some answers to these questions.

3. Further examples of vector bundles.

a. The product bundle. Let B be a space and $n \geq 0$ an integer. We define the product n-plane bundle to be the triple $(B \times R^n, \pi, B)$, where π is the projection on the left factor. Here $F_b = (b, R^n)$, and the vector addition is given by

$$(b, v_1) + (b, v_2) = (b, v_1 + v_2)$$

for $v_1, v_2 \in R^n$. We denote the bundle by ε_B^n.

b. The bundle ξ_n^1 over P^n. Define a 1-plane bundle ξ_n^1 over P^n by setting $E(\xi_n^1)$ = set of points $[(v,-v), \lambda v]$, where $v \in S^n$ and $\lambda \in R$. Define the projection $\pi: E \to P^n$ by

$$\pi[(v,-v), \lambda v] = (v,-v).$$

(If we regard P^n as the space of lines through the origin in R^{n+1}, then $E(\xi_n^1)$ can be regarded as the set of pairs:

(line through 0 in R^{n+1}, vector on that line).)

To show that ξ_n^1 satisfies property d) (in §I), let $(v,-v) \in P^n$ and let U be a neighborhood of v in S^n small enough so that $U \cap -U$ is empty. Define $\hat{U}$ to be the neighborhood in P^n consisting of all pairs $(v',-v')$, where $v' \in U$, and define

$$h: \hat{U} \times R \to \pi^{-1}(\hat{U})$$

by $h((v',-v'), \lambda) = [(v',-v'), \lambda v']$. The map h then satisfies d).

4. Bundle maps. Let ξ and ξ' be n-plane bundles over respective bases B, B'. By a bundle map $f: \xi \to \xi'$ we mean a pair of maps (f_E, f_B) such that:

a) The following diagram is commutative

$$\begin{array}{ccc} E(\xi) & \xrightarrow{f_E} & E(\xi') \\ \pi \downarrow & & \downarrow \pi' \\ B & \xrightarrow[f_B]{} & B' \end{array}$$

b) For each b in B, f_E maps the fiber E_b isomorphically onto the fiber $F_{b'}$, where

$$b' = f_B(b) \in B'.$$

An important special case is when $B = B'$ and $f_B =$ identity. In this case we say that f is an <u>isomorphism</u> from ξ to ξ' (written $f: \xi \approx \xi'$). Notice that f_E is then a homeomorphism, and so the pair $f^{-1} = (f_E^{-1}, \text{identity})$ gives an isomorphism $f^{-1}: \xi' \approx \xi$. Thus, isomorphism is an equivalence relation. In what follows we will be concerned mainly with isomorphism classes of bundles.

<u>Example of isomorphic bundles.</u>

Let S^n be the n-sphere, $n \geq 1$, and define a map $A: S^n \to S^n$ by $A(v) = -v$. (A is the "antipodal map".) Since $A \cdot A =$ identity, we define in this way an action of the cyclic group of order 2, Z_2, on S^n. And by definition, P^n is the quotient space S^n/Z_2. Consider now the product bundle $\varepsilon^1_{S^n}$, with total space $S^n \times R$. Define Z_2 acting on this by the map

$$(v,\lambda) \to (-v,-\lambda).$$

Let $\varepsilon^1_{S^n}/Z_2$ denote the "quotient bundle" over P^n; i.e.,

$$E(\varepsilon^1_{S^n}/Z_2) = S^n \times R/Z_2,$$

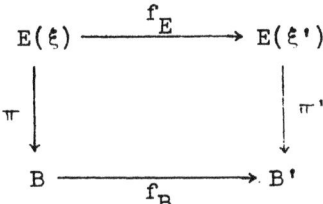

with projection given by

$$[(v,\lambda),(-v,-\lambda)] \to (v,-v) \in S^n/Z_2 = P^n .$$

<u>Lemma</u>. $\varepsilon^1_{S^n}/Z_2 \approx \xi^1_n$ over P^n.

The isomorphism is given by

$$[(v,\lambda),(-v,-\lambda)] \to [(v,-v),\lambda v].$$

5. <u>Induced bundles</u>. Let ξ' be an n-plane bundle over a space B'. Let B be a space and $f_B: B \to B'$ a map. We define an n-plane bundle ξ over B, and a bundle map $f: \xi \to \xi'$ as follows. Set

$$E(\xi) = \text{all pairs } (b,e),$$

where $b \in B$, $e \in E(\xi')$ and $f_B(b) = \pi'(e) \in B'$. (π' is the projection of ξ'.) We topologize $E(\xi)$ as a subspace of $B \times E(\xi')$. Define $\pi: E(\xi) \to B$ by $\pi(b,e) = b$. Notice that if (b,e_1), $(b,e_2) \in$ the fiber F_b, then $\pi'(e_1) = \pi'(e_2) = f_B(b)$, i.e., $e_1, e_2 \in F_{b'}$, where $b' = f_B(b)$. Thus we define the vector addition on F_b by $(b,e_1) + (b,e_2) = (b,e_1+e_2)$. Finally, if $\{U_i\}$ is an open covering of B' by sets each satisfying property d) in §I, then $\{f_B^{-1}U_i\}$ is the corresponding covering for B. We leave the details to the reader.

If we define $f_E: E(\xi) \to E(\xi')$ by $f_E(b,e) = e$, then the pair (f_E, f_B) gives a bundle map $f: \xi \to \xi'$.

To emphasize the role of f_B in constructing ξ, we write

$$\xi = f_B^* \xi' .$$

6. Product of bundles, Whitney sum. We continue with a discussion of ways to get new bundles. Suppose we are given two bundles ξ_1 and ξ_2; say

$$\xi_1 = (E_1, \pi_1, B_1), \quad \xi_2 = (E_2, \pi_2, B_2),$$

and suppose that ξ_i is an n_i-plane bundle, $i = 1,2$. We define a bundle $\xi_1 \times \xi_2$ of dimension $n_1 + n_2$ over $B_1 \times B_2$ by

$$E = E_1 \times E_2, \quad \pi = \pi_1 \times \pi_2 : E \to B_1 \times B_2 .$$

In other words, the fiber of $\xi_1 \times \xi_2$ over a point (b_1, b_2) is simply the direct product of the vector spaces F_{b_1} and F_{b_2}.

Suppose now that $B_1 = B_2 = B$. We define the Whitney sum of ξ_1 and ξ_2, written $\xi_1 \oplus \xi_2$, to be the (n_1+n_2)-plane bundle given by

$$d^*(\xi_1 \times \xi_2),$$

where $d: B \to B \times B$ is the diagonal map $b \to (b,b)$. Thus we can regard $E(\xi_1 \oplus \xi_2)$ as the subset of $E_1 \times E_2$ consisting of all pairs (e_1, e_2) with $\pi_1(e_1) = \pi_2(e_2)$, with the projection $\pi : E(\xi_1 \oplus \xi_2) \to B$ given by

$$\pi(e_1, e_2) = b = \pi_1 e_1 = \pi_2 e_2 .$$

Suppose that ξ is a bundle over B, and that k is a positive integer. We then define

$$k\xi = \underbrace{\xi \oplus \cdots\cdots \oplus \xi}_{k \text{ times}} .$$

Examples of Whitney sum.

a. Let $M \subset R^q$ be a manifold of dim m. Thus the tangent bundle, $\tau(M)$, is an m-plane bundle, and the normal bundle, $\nu(M)$, is a (q-m)-plane bundle.

Claim. (Whitney). $\tau(M) \oplus \nu(M) \approx \varepsilon^q_M$.

Let $p \in M$, let $v \in M_p$ be a tangent vector at p and $w \in M_p^{\perp}$ a normal vector at p. Define a map $t: \tau(M) \oplus \nu(M) \to \varepsilon^q_M$ by

$$t[(p,v),(p,w)] = (p, v+w) \in M \times R^q.$$

One easily checks that t gives an isomorphism.

b. Let P^n denote as usual real projective n-space. We now prove a result about the tangent bundle, $\tau(P^n)$. (See [M.1] and [16].)

Theorem 1. $\tau(P^n) \oplus \varepsilon^1_{P^n} \approx (n+1)\xi^1_n$.

Consider first the sphere S^n. Now $E(\tau(S^n))$ = all pairs (u,v), where $u \in S^n$, $v \in R^{n+1}$ and $u \cdot v = 0$. Define an action of the group Z_2 on $\tau(S^n)$ by the map $(u,v) \to (-u,-v)$. Thus we get a quotient bundle $\tau(S^n)/Z_2$ over S^n/Z_2 $(= P^n)$, namely

$$E(\tau(S^n)/Z_2) = \text{all pairs } [(u,v),(-u,-v)]$$

with projection $[(u,v),(-u,-v)] \to (u,-u) \in P^n$.

Claim 1). $\tau(S^n)/Z_2 \approx \tau(P^n)$.

This is most easily seen by regarding P^n as an "abstract manifold", as given in Remark 2, §I. We omit the details.

Next consider the product bundle $\varepsilon^{n+1}_{S^n}$. Thus $E(\varepsilon^{n+1}_{S^n}) = S^n \times R^{n+1}$. Define Z_2 acting on $\varepsilon^{n+1}_{S^n}$ by the map

$$(u,w) \to (-u\ ,-w), \quad u\epsilon S^n, \quad w\epsilon R^{n+1}.$$

By an easy extension of the Lemma in §4 we have:

Claim ii). $\varepsilon^{n+1}_{S^n}/Z_2 \approx (n+1)\xi^1_n$.

Finally, let ν denote the normal 1-plane bundle to $S^n \subset R^{n+1}$. Thus

$$E(\nu) = \left\{(u,tu) \,\middle|\, u\epsilon S^n, \quad t\epsilon R\right\}.$$

Let Z_2 act on ν by the map $(u,tu) \to (-u,-tu)$.

Claim iii). $\nu \approx \varepsilon^1_{S^n}$, $\nu/Z_2 \approx \varepsilon^1_{P^n}$.

The isomorphisms are given by the following maps:

$$(u,tu) \to (u,t)\epsilon S^n \times R,$$

$$[(u,tu),(-u,-tu)] \to [(u,-u),t]\epsilon P^n \times R.$$

Putting together i), ii), and iii) we now can prove the theorem. For by example a),

$$\tau(S^n) \oplus \nu \approx \varepsilon^{n+1}_{S^n}.$$

Therefore, by ii),

$$[\tau(S^n) \oplus \nu]/Z_2 \approx (n+1)\xi^1_n.$$

On the other hand, by i) and iii),

$$(\tau(S^n) \oplus \nu)/Z_2 \approx \tau(S^n)/Z_2 \oplus \nu/Z_2 \approx \tau(P^n) \oplus \varepsilon^1_{P^n}.$$

which completes the proof.

7. Mod 2 singular cohomology. We now are in a position to give the axioms for the Stiefel-Whitney classes of a bundle. Since these will be mod 2 cohomology classes, we review the notation for this.

With each space X and integer $i \geq 0$ we associate a mod 2 vector space $H^i(X)$, called the ith singular cohomology group of X with mod 2 coefficients. An element $u \in H^i(X)$ will be called a (mod 2) cohomology class of degree i. For convenience we let $H^*(X)$ denote the (weak) direct sum:

$$H^*(X) = \sum_i H^i(X).$$

There is a commutative and associative product defined on $H^*(X)$, in the sense that if $u \in H^i(X)$ and $v \in H^j(X)$ one then has a product class $u \smile v \in H^{i+j}(X)$. Moreover there is a class $1 \in H^0(X)$ which acts as a unit: $1 \smile u = u$, all $u \in H^*(X)$.

The cohomology theory H^* has the following naturality property: given a space X' and a map $f: X' \to X$, there is defined a vector space homomorphism

$$f^*: H^*(X) \to H^*(X'),$$

which preserves degrees, and is a ring homomorphism in the sense that

$$f^*(u \smile v) = f^*(u) \smile f^*(v).$$

Moreover, f^* maps the unit in $H^0(X)$ into the unit in $H^0(X\,)$.

We refer the reader to [S, Chapters 4 and 5] for complete details.

Lecture III. The Stiefel-Whitney characteristic classes.

We give the axioms for the Stiefel-Whitney classes due to Milnor [M.1].

1. Axioms for the Stiefel-Whitney classes.

A. To each n-plane bundle ξ over a paracompact space B there corresponds an element

$$w\xi = 1 + w_1\xi + \ldots + w_n\xi \in H^*(B),$$

where $w_i\xi \in H^i(B)$.

These classes have the following properties.

B. Given a bundle map $f = (f_E, f_B): \xi \to \xi'$ we have

$$f_B^*(w\xi') = w\xi; \text{ i.e.,}$$

$f_B^* w_i\xi' = w_i\xi, \quad i \geq 0.$

C. The Whitney product theorem holds: that is, given bundles ξ, ξ' over B, then

$$w(\xi \oplus \xi') = w(\xi) \smile w(\xi').$$

This means that for each $k \geq 0$,

$$w_k(\xi \oplus \xi') = \sum_{i=0}^{k} (w_i\xi) \smile (w_{k-i}\xi').$$

D. For the bundle ξ_1^1 over P^1,

$$w_1\xi_1^1 \neq 0$$

The class $w_i\xi$ is called the ith Stiefel-Whitney class of ξ; $w\xi$ is called the total Stiefel-Whitney class.

Suppose that ξ and ξ' are isomorphic bundles over B; say

$$f: \xi \approx \xi'.$$

Since f_B = identity, it follows at once from axiom B that:

E. $w\xi = w\xi'$.

Thus, the characteristic classes depend only on the isomorphism class of the bundle.

2. <u>Examples of Stiefel-Whitney classes.</u>

a. Suppose that B is a space and that ε_B^n is the product bundle over B, $n \geq 0$. Then,

$$w(\varepsilon_B^n) = 1;$$

i.e., $w_i \varepsilon_B^n = 0, \quad i > 0.$

To see this consider the bundle map given by the following commutative diagram:

$$\begin{array}{ccc} B\times R^n & \longrightarrow & R^n \\ \downarrow & & \downarrow \\ B & \longrightarrow & \text{point}, \end{array}$$

where the top and left-hand arrows denote projections. Since $H^i(\text{point}) = 0$ for $i > 0$, the above assertion now follows from Axiom B.

b. As a consequence of a) and of example a) in II.6 we have:

<u>Corollary (Whitney)</u>. Let $M^m \subset R^q$ be a manifold, with tangent bundle τ and normal bundle ν. Then

$$w(\tau) \smile w(\nu) = 1.$$

c. Let ξ_n^1 be the 1-plane bundle over P^n defined in §II, and let $\alpha_n \in H^1(P^n)$ denote the non-zero class. Then,

$$w(\xi_n^1) = 1 + \alpha_n.$$

Proof: Since ξ_n^1 has dimension 1, $w_i \xi_n^1 = 0$ for $i > 1$, by Axiom A. Thus we need only show $w_1 \xi_n^1 = \alpha_n$. Now the natural inclusions $S^1 \subset S^2 \subset \ldots \subset S^n$ induce an inclusion $g_n: P^1 \subset P^n$, which in turn gives a bundle map $f = (f_n, g_n): \xi_1^1 \to \xi_n^1$. Therefor by Axioms B and D,

$$g_n^*(w_1 \xi_n^1) = w_1 \xi_1^1 \neq 0;$$

i.e., $w_1 \xi_n^1 = \alpha_n$, since $H^1(P^n) \approx Z_2$ generated by α_n.

(See [S. p. 264] for details of $H^*(P^n)$.)

d. For any manifold M let us write $w(M)$ for $w(\tau(M))$. Combining examples a) and c) with Theorem 1 in §II, we have

Theorem 2. $w(P^n) = (1+\alpha_n)^{n+1}$.

Corollary 1. $w_i(P^n) = \binom{n+1}{i} \alpha_n^i$, for $i \geq 0$.

e. We use the preceding examples to study the notion of a manifold being parallelizable. We say that a manifold M of dim. m is parallelizable if there are m vector fields on M, $X_1, \ldots, X_m$, such that for each point p in M the vectors $X_1(p), \ldots, X_m(p)$ span the tangent space M_p. Notice that if M is parallelizable, then the tangent bundle $\tau(M)$ is isomorphic to the product bundle ε_M^m. A bundle map $f: T(M) \to M \times R^m$ is given by

$$f(p,v) = (p, (a_1, \ldots, a_m)),$$

where $v = a_1 X_1(p) + \ldots + a_m X_m(p)$. (The converse is also easily seen: if $\tau(M) \approx \varepsilon_M^m$, then M is parallelizable.)

Suppose then that M is parallelizable. Since $\tau(M) \approx \varepsilon_M^m$ we have by example a) that $w_i(M) = 0$, $i > 0$. Thus the vanishing of the Stiefel-Whitney classes is a necessary condition for M to be parallelizable.

Question. Which real projective spaces P^n are parallelizable? By what we have just seen, a necessary condition is that $w(P^n) = 1$. Or, by Corollary 1,

$$\binom{n+1}{i}\alpha^i = 0, \quad 1 \leq i \leq n. \qquad \text{(See [S , p. 264].)}$$

Now one can show that $\alpha^i \neq 0$ for $0 \leq i \leq n.$/ Thus if $w(P^n) = 1$ we must have $\binom{n+1}{i} \equiv 0 \bmod 2,\ 1 \leq i \leq n.$

Claim: $\binom{n+1}{i} \equiv 0 \bmod 2$ for all $1 \leq i \leq n \Leftrightarrow n + 1$ is a power of two.

(See [M.1 , p. 13]). Thus, if P^n is parallelizable, then $n = 2^r - 1$. In fact, Bott-Milnor-Kervaire [14], [11] show that: P^n is parallelizable $\Leftrightarrow n = 1,3,$ or 7. (Because the sphere S^n is the 2-fold covering space of P^n a parallelism of P^n lifts to give a parallelism of S^n. What is actually proved in [14], and [11] is that S^n is not parallelizable unless $n = 1,3,$ or 7. Note the lectures of Professor Eckmann.)

3. Riemannian metric. In the last example we considered the question of whether an m-manifold has m independent vector fields. More generally one can consider the question of whether an m-manifold has k independent vector fields where $0 < k < m$. To get information on this we need the notion of a Riemannian metric. (See [M.1 p. 20].)

Let $\xi = (E, \pi, B)$ be an n-plane bundle. A Riemannian metric on ξ is an inner product defined on each fiber--i.e., for each b in B and e_1, e_2 in F_b, $e_1 \cdot e_2 \in R$--such that $e_1 \cdot e_2$ is

i) symmetric: $e_1 \cdot e_2 = e_2 \cdot e_1$,

ii) bilinear,

iii) positive definite: $e_1 \cdot e_1 > 0$ except for $0 \cdot 0 = 0$,

iv) $e_1 \cdot e_2$ is a continuous function of two variables (see [M.1, p. 20]).

One then has the important fact: <u>Every n-plane bundle over a paracompact space B has a Riemannian metric</u>.

For the proof see [M.1, p. 21]. Henceforth we will assume that all base spaces B are paracompact. In particular all manifolds are paracompact (M.1, 20]).

As an application we have:

<u>Theorem 3</u>. Suppose that an n-plane bundle ξ over B has k independent cross-sections, where $0 < k < n$. Then there is an (n-k)-plane bundle η such that $\xi \approx \eta \oplus \varepsilon_B^k$.

To see this, let $s_1, \ldots, s_k$ be the independent sections of ξ. Assume that ξ has a Riemannian metric. For each b in B, define

$$\overline{F}_b = \text{subspace of all vectors } v \text{ in } F_b \text{ such that } v \cdot s_i(b) = 0, \quad 1 \leq i \leq k.$$

In other words, $\overline{F}_b$ is the (n-k)-dimensional orthogonal complement to the k-dimensional subspace of F_b spanned by $s_1(b), \ldots, s_k(b)$. Set

$$\overline{E} = \bigcup_b \overline{F}_b,$$

and define $\overline{\pi}: \overline{E} \to B$ by $\overline{\pi}(v) = b$, where $v \epsilon \overline{F}_b$. One can show that the triple $(\overline{E}, \overline{\pi}, B)$ satisfies condition d) in the definition of a vector bundle, and so gives an (n-k)-plane bundle η. The isomorphism $\xi \approx \eta \oplus \varepsilon_B^k$ is given by the map

$$v \to (\overline{v}, (b, (a_1, \ldots, a_k)))$$

where $v \epsilon F_b$ and where

$$v = \overline{v} + (a_1 s_1(b) + \ldots + a_k s_k(b)),$$

in the orthogonal decomposition

$$F_b = \overline{F}_b \oplus \{\text{subspace spanned by } s_1(b), \ldots s_k(b)\}.$$

We leave the details to the reader.

Corollary 2. Suppose that a manifold M of dimension m has k independent tangent vector fields. Then

$$w_i(M) = 0, \quad \text{for} \quad i > m - k.$$

For by Theorem 3, $\tau(M) \approx \eta \oplus \varepsilon_M^k$, where $\dim \eta = m - k$. Thus if $i > m - k$,

$$w_i(M) = w_i(\eta) = 0.$$

Example. P^{2s} has no independent vector field; $s \geq 1$.

P^{4s+1} has at most one independent vector field; $s \geq 0$.

P^{8s+3} has at most three independent vector fields. $s \geq 0$.

For by Corollary 2,

$$w_{2s}(P^{2s}) = \binom{2s+1}{2s} a^{2s} = \alpha^{2s} \neq 0,$$

$$w_{4s}(P^{4s+1}) = \binom{4s+2}{4s} \alpha^{4s} = \alpha^{4s} \neq 0,$$

$$w_{8s}(P^{3s+3}) = \binom{8s+4}{8s} \alpha^{8s} = \alpha^{8s} \neq 0.$$

The precise number of independent vector fields on P^n has been determined by Hurwitz-Radon (see Eckmann [8]) and by Adams [2].

Remark 1. Notice that in this lecture the vanishing of certain Stiefel-Whitney classes has been used as a necessary condition for something to happen. In subsequent lectures we will see that the vanishing of these classes (and possibly other classes) will be a sufficient condition for some geometric fact to be true.

Remark 2. Our applications have all concerned tangent vector fields. For applications of Stiefel-Whitney classes to the question of the immersion of manifolds (i.e., normal vector fields) see [M.1, pp. 13-15].

Lecture IV. The Thom Isomorphism.

The purpose of this lecture is to define characteristic classes satisfying the axioms given in III. We give the definition of Thom [17]; for this we need the Steenrod squares.

1. The Steenrod square cohomology operations. By a pair of spaces (X,A) we mean a topological space X and a subspace A. (One then has mod 2 cohomology groups $H^i(X,A)$, $i \geq 0$, just as in II.7.) With each such pair (X,A) and each integer $i \geq 0$ there exists a homomorphism

$$Sq^i: H^n(X,A) \to H^{n+i}(X,A), \text{ all } n \geq 0,$$

with the following properties:

a) $Sq^0 = \text{identity}$

b) Given $u \in H^n(X,A)$, then

$$Sq^n u = u \smile u$$

$$Sq^s u = 0, \text{ for } s > n.$$

c) If (X',A') is a second pair and $f: (X',A') \to (X,A)$ a map, then for $u \in H^*(X,A)$,

$$Sq^i f^* u = f^* Sq^i u, \quad i \geq 0.$$

Recall that if (X',A') is a pair, then by $(X',A') \times (X,A)$ we mean the pair $(X' \times X, X' \times A \cup A' \times X)$. Moreover, if $u' \in H^*(X',A')$ $u \in H^*(X,A)$, then one has a "cross-product" $u' \times u \in H^*((X',A') \times (X,A))$. (See [S, p. 248].) We then have the axiom:

d) (Cartan): $Sq^k(u' \times u) = \sum_{i+j=k} (Sq^i u') \times (Sq^j u)$.

For the existence of these operations see either [St2] or [S, p. 269].

2. <u>The Thom complex, class, and isomorphism</u>. Let $\xi = (E, \pi, B)$ be an n-plane bundle. We denote by E_0 the subset of E consisting of all non-zero vectors. Let $b \in B$ and set

$$F = F_b, \quad F_0 = F \cap E_0.$$

Thus (F, F_0) is homeomorphic to the pair $(R^n, R^n - \{0\})$, and so in cohomology one has:

$$H^n(F, F_0) = Z_2$$
$$H^j(F, F_0) = 0, \quad j \neq n.$$

We consider the question: what is the cohomology of the pair (E, E_0)? The answer has been given by Thom:

<u>Theorem 4 (Thom)</u>. i) $H^j(E, E_0) = 0, \quad 0 \leq j < n.$

ii) There exists a unique class $U \in H^n(E, E_0)$ characterized by the property that for each $b \in B$,

$$j_b^* U \text{ generates } H^n(F_b, F_{b,0}),$$

where j_b denotes the inclusion $(F_b, F_{b,0}) \subset (E, E_0)$.

iii) Define an additive homomorphism

$$\psi: H^i(B) \to H^{n+i}(E, E_0)$$

by $\psi(x) = \pi^* x \smile U$, $x \in H^i(B)$. Then ψ is an isomorphism.

The pair (E, E_0) is called the <u>Thom complex</u> of ξ, the class U the <u>Thom class</u> and ψ the <u>Thom isomorphism</u>. For a proof of the theorem see [M.1] or [S, p. 259].

3. <u>The existence of the Stiefel-Whitney classes.</u> Given an n-plane bundle ξ with Thom class U and Thom isomorphism ψ, we define

$$w_i\xi = \psi^{-1} Sq^i U \in H^i(B), \quad i \geq 0.$$

We show that the classes so defined satisfy axioms A - D in §III. Now axiom A really states two things: $w_0\xi = 1$ and $w_j\xi = 0$ for $j > n$. Notice that

$$\psi(1) = \pi^*(1) \smile U = 1 \smile U = U.$$

Therefore

$$w_0\xi = \psi^{-1} Sq^0 U = \psi^{-1} U = 1,$$

using axiom a) given in IV.1. On the other hand, using axiom b) in IV.1,

$$w_j\xi = \psi^{-1} Sq^j U = \psi^{-1}(0) = 0, \quad \text{if} \quad j > n.$$

<u>Verification of axiom B</u>. Let $f = (f_E, f_B)\colon \xi \to \xi'$ be a bundle map. Let U' and ψ' be Thom class and isomorphism for ξ'. By the uniqueness condition ii) in Theorem 4 it follows that

$$U = f_E^* U'$$

is the Thom class for ξ (Since f_E maps the fibers of ξ isomorphically onto the fibers of ξ'). Therefore, given $x \in H^i(B')$, we have

$$f_E^*(\pi'^* x \smile U') = f_E^* \pi'^* x \smile f_E^* U' = \pi^* f_B^* x \smile U,$$

which means that

$$f_E^* \psi'(x) = \psi f_B^*(x).$$

Consequently,

$$f_B^* w_1 \xi' = f_B^* \psi'^{-1} Sq^1 U' = \psi^{-1} f_E^* Sq^1 U' = \psi^{-1} Sq^1 f_E^* U'$$
$$= \psi^{-1} Sq^1 U = w_1 \xi .$$

Verification of axiom C. We first show something stronger: given bundles ξ, ξ' over B, B' then

$$(*) \qquad w(\xi \times \xi') = w(\xi) \times w(\xi').$$

To prove this, we let

$$E = E(\xi), E' = E(\xi'), \quad E'' = E(\xi \times \xi').$$

Notice first that

$$(E'', E_0'') = (E, E_0) \times (E', E_0').$$

Second, if U, U' denote the respective Thom classes for ξ, ξ', then $U'' = U \times U'$ is the Thom class for $\xi \times \xi'$ (using ii) in Theorem 4). Finally, if $x \in H^*(B)$, $x' \in H^*(B')$, then

$$(\pi \times \pi')^*(x \times x') \smile U'' = (\pi^* x \smile U) \times (\pi'^* x' \smile U'),$$

and so if we let ψ'' denote the Thom isomorphism for $\xi \times \xi'$, then

$$\psi''(x \times x') = \psi(x) \times \psi'(x').$$

Putting these facts together with axiom d) for the Steenrod squares, we have

$$w_k(\xi \times \xi') = \psi''^{-1} Sq^k (U \times U') = \psi''^{-1} \sum_{i+j=k} Sq^i U \times Sq^j U'$$
$$= \sum \psi^{-1} Sq^i U \times \psi'^{-1} Sq^j U' = \sum w_i \xi \times w_j \xi'.$$

We are left with showing how axiom C follows from (*). We need here the fact that the cup-product can be defined from the cross-product as follows: given a space B and classes $u, v \in H^*(B)$, then

$$u \smile v = d^*(u \times v),$$

where d denotes the diagonal map $B \to B \times B$. (See [S, p.251]). Now let ξ, ξ' be bundles over B. Since we have <u>defined</u> $\xi \oplus \xi'$ to be $d^*(\xi \times \xi')$, we have at once:

$$w(\xi \oplus \xi') = wd^*(\xi \times \xi') = d^* w(\xi \times \xi')$$
$$= d^* w(\xi) \times w(\xi') = w(\xi) \smile w(\xi').$$

Finally, axiom D is verified by regarding ξ_1^1 as the open Möbius band over S^1 and then observing that

$$(E(\xi_1^1), E(\xi_1^1)_0) = (P^2, P^2\text{-2-cell}).$$

The details are given in [M.1]. Thus the classes $w(\xi)$ defined in IV.2 satisfy all the axioms given in III.

4. <u>Oriented bundles</u>. We follow the treatment given by Milnor [M.1].

Two bases of a finite dimensional vector space are said to be <u>equivalent</u> if the determinant of the matrix expressing one in terms of the other is positive. An <u>orientation</u> of a vector space is an equivalence class of bases. Notice that an orientation of an n-dimensional vector space V corresponds to choosing a generator for $H^n(V, V_0; Z) \approx Z$.

(Here, for any pair (X, A), $H^*(X, A; Z)$ denotes the singular cohomology with integer coefficients. See [S. chap. 4].)

<u>Example</u>. Let $\{e_1, \ldots, e_n\}$ denote the standard basis for R^n-- i.e., e_i is the vector with 1 for the ith coordinate and 0

elsewhere. The standard orientation of R^n is defined to be the one given by this basis.

Let V and W be oriented vector spaces of the same dimension. An isomorphism $g: V \approx W$ is said to be orientation preserving if, given a basis $v_1, \ldots, v_n$ in the orientation of V, then $gv_1, \ldots, gv_n$ is a basis in the orientation of W.

An oriented n-plane bundle is an n-plane bundle together with an orientation for each fiber such that these orientations are locally compatible (see [M.1, p. 40]).

Example. For each space B we define the standard orientation of the product bundle ε_B^n to be the orientation given in each fiber by the basis $(b,e_1), \ldots, (b,e_n)$, $b \in B$.

Let ξ and ξ' be oriented bundles over B that are isomorphic. We say that an isomorphism $f: E \to E'$ is orientation preserving if f is orientation preserving on each fiber. Notice that if ξ and ξ' are isomorphic and each is oriented, then there always is an orientation preserving isomorphism between them.

The importance of oriented bundles is underlined by the following refinement of Theorem 4.

Theorem 5 (Thom). Let ξ be an oriented n-plane bundle. Then there is a unique class U in $H^n(E,E_0;Z)$ such that for each $b \in B$, $j_b^* U$ is the generator of $H^n(F_b, F_{b,0};Z)$ corresponding to the orientation. Moreover, the map

$$\psi: H^i(B;Z) \to H^{n+i}(E,E_0;Z),$$

given by $x \to \pi^* x \smile U$, is again an isomorphism.

Let ξ be an oriented bundle with Thom class U. The fact that U is a class with integer coefficients enables us to define a new characteristic class. Namely, we define the Euler class of ξ, $\chi(\xi)$, by

$$\chi(\xi) = \phi^{-1}(U \smile U).$$

Thus, $\chi(\xi) \in H^n(B;Z)$. Since

$$Sq^n U = U \smile U \bmod 2,$$

we have

a) $\chi(\xi) \bmod 2 = w_n(\xi)$.

Also, if n is odd then $U \smile U = -U \smile U$, and so:

b) If dim ξ odd, then $2\chi(\xi) = 0$.

In lecture VI the Euler class will play a crucial role in showing the existence of non-zero section.

Remark. Notice the underlying pattern in the definition of $w_1\xi$ and $\chi(\xi)$. Starting with the Thom class we apply a cohomology operation to it (respectively, Sq^1 or the cup-product square) and then by the Thom isomorphism obtain a class in the cohomology of B.

E. Thomas

Lecture V. Vector fields on Manifolds.

1. The index. Let M be a manifold of dim. m, and suppose that the tangent bundle of M has been given a Riemannian metric. (In other words, M is a Riemannian manifold.) Let k be an integer, $0 < k \leq m$. We say that M has a k-field if there are k tangent vector fields $(X_1,\ldots,X_k)$ on M such that for each point p in M,

$$X_i(p)\cdot X_j(p) = \delta_{ij}.$$

We say that M has a k-field with finite singularities if there is a k-field on the manifold obtained from M by removing a finite number of points. For the rest of these lectures we will be concerned with the question: When does a manifold M have a k-field? We will break the question into two parts:

1) Does M have a k-field with finite singularities?
2) If so, can one alter the k-field so as to remove the singularities?

In this lecture we define an algebraic invariant (the "index") which will enable us to answer the second question.

Before so doing we develop some preliminary material. Define the standard (Riemannian) metric on R^n to be given by

$$e_i\cdot e_j = \delta_{ij}.$$

For any space Y define the standard metric on the product bundle ε_Y^n in the obvious way. Thus the metric in the fiber over a point y is given by

$$(y,e_i)\cdot(y,e_j) = \delta_{ij}.$$

Suppose that ξ and η are isomorphic bundles over Y each with a Riemannian metric. We say that an isomorphism $f: E(\xi) \approx E(\eta)$ is <u>metric preserving</u> if for each point y in Y and v, w in F_y,

$$v \cdot w = fv \cdot fw.$$

<u>Lemma 1</u>. Let ξ be an n-plane bundle over a space B and let U be a neighborhood such that ξ restricted to U is isomorphic to ε_U^n. If ξ has a Riemannian metric, then the isomorphism can be chosen to be metric preserving (taking the standard metric on ε_U^n).

<u>Proof</u>. Let $s_1, \ldots, s_n$ be sections in ξ over U such that for each u in U $\{s_1(u), \ldots, s_n(u)\}$ is a basis for F_u. By the Gram-Schmidt orthogonalization process [Ha, p. 128], we may replace these sections by sections $\bar{s}_1, \ldots, \bar{s}_n$ over U such that

$$\bar{s}_i(u) \cdot \bar{s}_j(u) = \delta_{ij}, \quad \text{all} \quad u \in U.$$

Define $h: U \times R^n \to \pi^{-1}(U)$ by

$$h(u, (a_1, \ldots, a_n)) = \sum_i a_i \bar{s}_i(u).$$

Then h is a metric preserving isomorphism, completing the proof.

Notice that if ξ is oriented then h can also be chosen to be orientation preserving.

We now can define the notion of an index, following Hopf 9 , 10 , Let M be a manifold and let $(X_1, \ldots, X_k)$ be a k-field on M with finite singularities. We now assume that M has been triangulated so as to be a simplicial complex, and that the triangulation has the following two properties :

a) Each simplex of the triangulation lies in a coordinate neighborhood of M;

b) Each singular point of the k-field lies in the interior of a distinct m-simplex ($m = \dim. M$).

(See [Mu] and [M. 2] for a complete discussion of these points.)

Let p be a point of singularity of the k-field; say p is in the interior of the simplex σ. Since σ is in the interior of a coordinate neighborhood, the tangent bundle of M restricted to σ is isomorphic to the product bundle ε^m_σ. Suppose M is oriented. Then the isomorphism can be chosen to be metric preserving and orientation preserving. (See Lemma 1.) Since $E(\varepsilon^m_\sigma) = \sigma \times R^m$ this means that for each point q in $\sigma - \{p\}$ we can regard $(X_1(q),\ldots,X_k(q))$ as an orthonormal k-frame in R^m-- that is, as a point in the Stiefel manifold $V_{m,k}$. (See the exercise in Lecture I.) Now the orientation of M gives an orientation to σ and hence to $\dot\sigma$, the boundary of σ. By hypothesis $p \notin \dot\sigma$ and so the k-field restricted to $\dot\sigma$ gives a map

$$\dot\sigma \to V_{m,k}.$$

But $\dot\sigma$ is an oriented (m-1)-sphere and so the homotopy class of this map is an element of the homotopy group $\pi_{m-1}(V_{m,k})$. We define this homotopy class to be the <u>index</u> of the k-field at p, and write this $\mathrm{Index}(X_1,\ldots,X_k)_p$. Finally, if $\{p_1,\ldots,p_r\}$ is the set of singular points of the k-field, we define

$$\mathrm{Index}\ (X_1,\ldots,X_k) = \sum_i \mathrm{Index}(X_1,\ldots,X_k)_{p_i}.$$

Thus, $\mathrm{Index}\ (X_1,\ldots,X_k) \in \pi_{m-1}(V_{m,k})$.

In the next lecture we indicate how the index also can be defined from the point of view of obstruction theory for fiber bundles (see §§ 29-34 in [St.1]). From this point of view one sees that the index is independent of the various choices made in its definition. In particular it does not depend upon the choice of orientation for M.

The geometric significance of the index is that it enables us to answer the second question raised above.

<u>Theorem 6</u>. Let M be an oriented M manifold of dim. m and let $(X_1,\ldots,X_k)$ be a k-field on M with finite singularities. Then $\mathrm{Index}(X_1,\ldots,X_k) = 0$ if, and only if, there is a k-field on M without singularities which agrees with $(X_1,\ldots,X_k)$ on the (m-2)-skeleton of M.

The proof is given most easily using the point of view of obstruction theory (see [St.1 § 34.2]). We give here the proof for the special case that the k-field $(X_1,\ldots,X_k)$ has only one point of singularity, p. (The general case then follows by showing that a k-field with more than one singular point can be altered to give one with just one singular point, keeping the index the same.)

Suppose then that $(X_1,\ldots,X_k)$ is a k-field with only one singular point, say p in the interior of an m-simplex σ. By definition

$$\mathrm{Index}(X_1,\ldots,X_k) = \mathrm{Index}(X_1,\ldots,X_k)_p.$$

Consider the following commutative diagram:

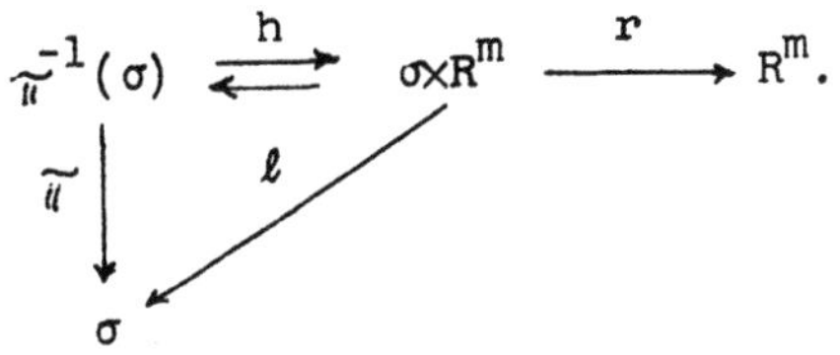

Here h is a bundle isomorphism between $\tau(M)$ restricted to σ and ε^m_σ, and $\ell = h^{-1}$. We assume that h (and hence ℓ) is orientation--and metric--preserving. The map r is projection on the right factor. Define $Y_i\colon \dot{\sigma} \to R^m$ by

$$Y_i = r\circ h\circ X_i, \quad 1 \leq i \leq k.$$

As remarked above, for q in $\dot{\sigma}$, $(Y_1(q),\ldots,Y_k(q))$ is a point in $V_{m,k}$ and so we have a map

$$\alpha\colon \dot{\sigma} \to V_{m,k}$$

given by $\alpha(q) = (Y_1q),\ldots,Y_k(q))$. By definition

$$\text{Index}(X_1,\ldots,X_k) = \text{homotopy class of } \alpha \text{ in } \pi_{m-1}(V_{m,k}).$$

Thus

$$\text{Index}(X_1,\ldots,X_k) = 0 \Leftrightarrow \text{homotopy class of } \alpha = 0$$

$$\Leftrightarrow \alpha \text{ extends to a map } \bar{\alpha}\colon \sigma \to V_{m,k}.$$

To prove the theorem in our special case, suppose that $\text{Index}(X_1,\ldots X_k) = 0$. Then, α extends to a map $\bar{\alpha}\colon \sigma \to V_{m,k}$. Say, for each point q in σ, $\bar{\alpha}(q) = (\bar{Y}_1(q),\ldots,\bar{Y}_k(q))$, an orthonormal k-frame in R^m. Define

$$\bar{X}_i\colon \sigma \to \pi^{-1}(\sigma), \quad 1 \leq i \leq k$$

by

$$\bar{X}_i(q) = \ell(q,\bar{Y}_i(q)).$$

Since $\bar{X}_i(q) = X_i(q)$ for q in $\dot{\sigma}$, we have extended the k-field to all of σ, and hence to all of M. Conversely, if the k-field does extend to all of σ, then by reversing the above argument one sees that $\text{Index}(X_1,\ldots,X_k)_p = 0$.

2. The Theorem of Hopf. We now begin a study of special cases of k-fields; namely, $k = 1$ and $k = 2$.

A 1-field X on a manifold M is simply a field of tangent vectors of unit length. Since $V_{m,1} = S^{m-1}$ and $\pi_{m-1}(S^{m-1}) \approx Z$, we may regard $\text{Index}(X)$ as an integer. The celebrated theorem of H. Hopf [9] enables us to compute the index in terms of a familiar invariant of M, the Euler characteristic. Recall that we define the Euler characteristic of M (written $\chi(M)$) by

$$\chi(M) = \sum_{i=0}^{m} (-1)^i b_i,$$

where $b_i = i^{th}$ Betti number of M (= rank of ith integral homology group of M).

We then have:

Theorem 7 (Hopf). Let M be a compact manifold and let X be a 1-field with finite singularities on M. Then,

$$\text{Index}(X) = \chi(M).$$

In the next lecture we will show that a manifold always has a 1-field with finite singularities. Thus, using Theorem 6 we have:

Corollary 3. (Hopf). A compact manifold M has a 1-field without singularities $\Leftrightarrow \chi(M) = 0$.

By the Poincaré duality ([M.1, p. 51] or [S, p. 297]), if M has dimension m, then

$$b_i = b_{m-i}, \quad 1 \leq i \leq m.$$

In particular, if m is odd, then

$$(-1)^i b_i = -(-1)^{m-i} b_{m-i},$$

and so $\chi(M) = 0$. Thus we have

Corollary 4. A compact odd-dimensional manifold always has a 1-field without singularities.

We sketch a proof of Hopf's Theorem (for orientable manifolds) in the next lecture.

3. The index of a 2-field. Suppose that M is an odd-dimensional manifold. By what we have just seen, M has a 1-field without singlarities. We now consider the question: when does M have a 2-field? As before we break the question into two parts.

1) Does M have a 2-field with finite singularities?

2) If so, can we compute the index in terms of known invariants of M?

We consider the second question first. Let (X_1, X_2) be a 2-field with finite singularities on an oriented manifold M. By definition $\mathrm{Index}(X_1, X_2) \in \pi_{m-1}(V_{m,2})$. Now J. H. C. Whitehead [20] has shown that $\pi_{m-1}(V_{m,2}) \approx Z_2$. Thus we may consider Index(X_1,X_2) as an integer mod 2. We wish to compute this in terms of invariants of M. Suppose dim M = 2k + 1. We define the mod 2 <u>semi-characteristic</u> of M (written $\hat{\chi}_2(M)$) by

$$\hat{\chi}_2(M) = \left(\sum_{i=0}^{k} \dim H^i(M)\right) \bmod 2$$

where $H^i(M)$ denotes the ith mod 2 cohomology group of M. Thus $\hat{\chi}_2(M)$ is an integer mod 2. Our theorem is

<u>Theorem 8</u>. Let M be compact odd-dimensional orientable manifold, and let (X_1,X_2) be a 2-field on M with finite singularities.

a) Suppose that $\dim M \equiv 1 \bmod 4$ and that $w_2(M) = 0$. Then,

$$\text{Index}(X_1,X_2) = \hat{\chi}_2(M).$$

b) Suppose that $\dim M \equiv 3 \bmod 4$. Then,

$$\text{Index}(X_1,X_2) = 0.$$

The proof of the theorem is given in [19] (for a)) and in [18] (for b)). In a) the hypothesis $w_2(M) = 0$ is needed for purely technical reasons in the proof; the theorem is probably true without this hypothesis, but I am unable to prove it.

We will prove Theorem 8 in Lectures VII and VIII (with the additional assumption in b) that $w_2(M) = 0$).

We now consider the first question raised above. In the next lecture we indicate a proof of the following fact: an odd dimensional manifold M has a 2-field with finitie singularities $\Longleftrightarrow w_{m-1}(M) = 0$, where $m = \dim M$. In an appendix to

Lecture VIII we will discuss the following result due to Wu [21]: If M is a compact orientable m-manifold with $m \equiv 3 \bmod 4$, then $w_{m-1}(M) = 0$. Putting these two facts together with Theorems 6 and 8 we obtain:

Corollary 5. Let M be a compact orientable manifold of dim m. If $m \equiv 3 \bmod 4$, then M has a 2-field without singularities. If $m \equiv 1 \bmod 4$ and if $w_2(M) = 0$, then M has a 2-field without singularities $\Longleftrightarrow$

$$w_{m-1}(M) = 0 \quad \text{and} \quad \hat{\chi}_2(M) = 0.$$

Remark 1. By using cohomology with local coefficients one can define the index of a k-field on a non-orientable manifold. (See [St. 1, § 39]). In particular Hopf's theorem holds (as stated here) without assuming M orientable. I do not know whether Theorem 8 is true for M non-orientable.

Remark 2. An analogous theorem to 8 has been proved for even-dimensional manifolds. See [18] and [19].

Remark 3. In defining the index as an element of the homotopy group $\pi_{m-1}(V_{m,k})$ we did not need to choose a basepoint in $V_{m,k}$ because $\pi_1(V_{m,k})$ acts simply on the higher homotopy groups of $V_{m,k}$. See [S , p. 384]. (For $k < m - 1$, $\pi_1(V_{m,k}) = 0$, while if $k = m - 1$ or m, then $V_{m,k}$ is the topological group $SO(m)$.)

E. Thomas

Lecture VI. Obstruction Theory.

1. The obstruction cocycle. We now look at the notion of the index of a k-field from a somewhat more general point of view. Let ξ be an oriented n-plane bundle over a finite simplicial complex B. Let k be a positive integer, $0 < k \leq n$. We consider the question: when does ξ have k linearly independent sections? Assume that ξ has been given a Riemannian metric. Then, if ξ has k independent sections these can be chosen to be orthonormal--that is, there will be k-sections $s_1, \ldots, s_k$ such that for each b in B,

$$s_i(b) \cdot s_j(b) = \delta_{ij}.$$

Case k = 1. For k = 1 we are simply studying the problem of whether ξ has a section s such that for each b in B, s(b) is a vector in F_b of unit length. Suppose $\xi = (E, \pi, B)$, and define $\bar{E} \subset E$ to be the subspaces consisiting of all vectors of unit length. Set $\bar{\pi} = \pi | \bar{E}: \bar{E} \to B$, and let $\bar{\xi} = (\bar{E}, \bar{\pi}, B)$. Then $\bar{\xi}$ is the "(n-1)-sphere bundle associated to ξ"--in the sense that for b in B, $\pi^{-1}(b)$ is homeomorphic to S^{n-1}. Our question, for k = 1, now becomes: when does $\bar{\xi}$ have a section? We describe a stepwise procedure (see Steenrod [St. 1]) for studying the question.

For $j = 0, 1, \ldots$ let $B^{(j)}$ denote the j-skeleton of B; i.e.,

$$B^{(j)} = \bigcup_{i=0}^{j} \text{ i-simplexes of } B.$$

Thus $B^{(0)}$ is simply the (finite) set of vertices of B. Define a section $s: B^{(0)} \to \bar{E}$ as follows: for each vertex v in $B^{(0)}$, let $s(v)$ be an arbitrary vector of unit length in F_v. Now let q be an integer, $0 \leq q < n-1$. (We assume, for simplicity, that $n > 1$.) Assume, inductively, that ξ has a section s over $B^{(q)}$. We now show that this can be extended to a section over $B^{(q+1)}$.

To do this we make an additional assumption: that the complex B is subdivided finitely enough so that each simplex lies in an open set over which the bundle ξ is isomorphic to the product bundle. (See [S, 3.3.14]). Let σ be a $(q+1)$-simplex. By hypothesis there is an isomorphism

$$h: \pi^{-1}(\sigma) \approx \sigma \times R^n,$$

which can be taken to be orientation preserving and metric preserving. Thus h gives a map

$$\bar{h}: \bar{\pi}^{-1}(\sigma) \approx \sigma \times S^{n-1}.$$

Now the boundary of σ, $\dot{\sigma}$, lies in $B^{(q)}$ and so by hypothesis the section s is defined on $\dot{\sigma}$. As before, let $r: \sigma \times S^{n-1} \to S^{n-1}$ denote the projection. Define

$$\alpha_\sigma = r \circ \bar{h} \circ s: \dot{\sigma} \to S^{n-1}.$$

Choose an orientation for σ so that $\dot{\sigma}$ is then homeomorphic to the oriented q-sphere S^q. Thus α_σ can be regarded as a map

$$\alpha_\sigma: S^q \to S^{n-1},$$

and so the homotopy class of α_σ, $[\alpha_\sigma]$, is an element of $\pi_q(S^{n-1})$.

Fact: $\pi_q(S^{n-1}) = 0$, for $0 \leq q < n-1$. (See [$\mathcal{S}$, 3.4.11].) Therefore, if $q < n-1$, $[\alpha_\sigma] = 0$ and so α_σ is homotopic to the constant map. In other words, α_σ can be extended to the entire $(q+1)$-cell σ. But this means that the section s can also be extended to all of σ. (Note the previous lecture.) In this way we can extend s to all of $B^{(q+1)}$. Thus, starting with a section over $B^{(0)}$ we can extend it to a section s over $B^{(n-1)}$. Now let σ be an n-simplex of B. Then $[\alpha_\sigma] \in \pi_{n-1}(S^{n-1}) \approx Z$ and so we define an n-cochain φ by setting

$$\varphi(\sigma) = [\alpha_\sigma] \in Z.$$

(Recall that an n-cochain is a homomorphism $\varphi: C_n(B) \to Z$, where $C_n(B)$ denotes the nth chain group of B with generators given by the oriented n-cells of B.) One can show (see [St. 1, §32]) that the cochain φ is in fact a cocycle. We define:

$$\mathcal{O}_1(\xi) = \text{cohomology class of } \varphi \text{ in } H^n(B;Z).$$

The cocycle φ is called the obstruction cocycle for the section s. One can show (St. 1 35.2) that if s' is a second section over $B^{(n)}$, with obstruction couple φ', then φ and φ' belong to the same cohomology class. Thus $\mathcal{O}_1(\xi)$ depends only on the bundle ξ and not on the particular choice of section. Moreover, $\mathcal{O}_1(\xi)$ is a proper obstruction in the sense that ξ has a section over all of $B^{(n)} \Longleftrightarrow \mathcal{O}_1(\xi) = 0$. (See [St 1, 35.5]) The following theorem shows one how to "compute" the obstruction class $\mathcal{O}_1(\xi)$.

Theorem 9. Let ξ be an oriented n-plane bundle over a complex B. Then

$$\mathcal{O}_1(\xi) = \chi(\xi) \in H^n(B;Z).$$

The proof is given in [M.1, p. 61], and so we simply give a sketch. By using the method of the "universal example" one shows that there is an integer λ_n, that depends only on n and not on the particular bundle ξ, such that

$$\mathcal{O}_1(\xi) = \lambda_n \chi(\xi).$$

The proof is complete when one shows that $\lambda_n = +1$. We consider separately the two cases: n even, n odd.

Case n even: Let S^n denote the n-sphere oriented by the standard orientation of R^{n+1}. Let $\mu \epsilon H^n(S^n;Z)$ denote the generator corresponding to this orientation. Consider the tangent bundle $\tau(S^n)$. An easy calculation shows that

$$\mathcal{O}_1(\tau(S^n)) = 2\mu.$$

(This is most readily seen by considering S^n as a cell-complex with 2 n-cells, the upper hemisphere E^n_+ and the lower hemisphere E^n_-, with $E^n_+ \cap E^n_- = S^{n-1}$.) On the other hand, in the next lecture we will show that

$$\chi(\tau(S^n)) = 2\mu$$

also, and so $\lambda_n = +1$ as claimed.

Case n odd: We showed in IV.4 that for an n-plane bundle ξ with n odd, $2\chi(\xi) = 0$. Thus we need only show that λ_n is odd. If λ_n is even then for all n-plane bundles ξ, $\mathcal{O}_1(\xi) = 0$. Therefore to show λ_n odd all we need do is find one n-plane bundle ξ such that $\mathcal{O}_1(\xi) \neq 0$. For this consider the bundle

$$n\xi^1_n \text{ over } P^n.$$

By c) in III.1 and by axiom C in III.1,

$$w(n\xi_n^1) = (1+\alpha_n)^n,$$

and so $w_n(n\xi_n^1) = \binom{n}{n}\alpha_n^n \neq 0$. Thus by Theorem 3 in III.3, $n\xi_n^1$ has no non-zero section and hence $\mathcal{O}_1(n\xi_n^1) \neq 0$. Consequently λ_n is odd, which completes the proof.

Remark 1. Let M be a compact m-manifold with tangent bundle τ. We have shown that the (m-1)-sphere bundle $\bar{\tau}$ has a section s over $M^{(m-1)}$. Let σ be an m-simplex of M. Now σ is homeomorphic to the closed ball of unit radius in R^{m+1}, D^m. Let p in σ correspond to the origin 0 in D^m. Then $\dot{\sigma}$ is a deformation retract of $\sigma - \{p\}$. Since $\dot{\sigma} \subset M^{(m-1)}$, this means that the section s over $\dot{\sigma}$ extends to a section over $\sigma - \{p\}$. In this way we obtain a section of $\bar{\tau}$ over all of M except for a finite set of points--in other words, we have a 1-field with finite singularities.

Remark 2. Suppose that M is oriented, with generator $\mu \in H^m(M;Z)$. Let X be a 1-field with finite singularities. If we think of X as corresponding to a section of $\bar{\tau}$ over $M^{(m-1)}$, then we see at once from the definitions that

$$\mathcal{O}_1(\tau^m) = \text{Index}(X)\cdot\mu.$$

Thus to prove Hopf's Theorem, V.2, (for oriented manifolds) we need simply show

$$(*) \qquad \chi(\tau^m) = \chi(M)\cdot\mu,$$

since by Theorem 9, $\mathcal{O}_1(\tau^m) = \chi(\tau^m)$.

Proof of Hopf's Theorem, for odd-dimensional, orientable manifolds.

Since dim M odd, $\chi(M) = 0$ as remarked in V, and by IV.4, $2\chi(\tau^m) = 0$ since m odd. But $H^m(M;Z) \approx Z$, and so $2\chi(\tau^m) = 0 \Rightarrow \chi(\tau^m) = 0$. Thus equation (*) in satisfied which proves the theorem in this case. The proof for even-dimensional (orientable) manifolds will be indicated in Lecture VIII.

2. The bundle $\xi(k)$. We take up now the more general question of whether an n-plane bundle ξ has k independent sections--or, equivalently, whether ξ has k orthonormal sections, assuming ξ has been given a metric. Since we dealt with the case $k = 1$ in the previous section we now assume $k > 1$.

To study the question we define the "associated bundle", $\xi(k)$, with fiber $V_{n,k}$. For this, set $E(k)$ = all pairs $(b,(v_1,\ldots,v_k))$, where $b \in B(\xi)$, $v_1,\ldots,v_k \in F_b$, and $v_i \cdot v_j = \delta_{ij}$. Define

$$\pi(k)\colon E(k) \to B(\xi) = B$$

by $(b,(v_1,\ldots,v_k)) \to b$. Then $\xi(k)$ is the triple

$$(E(k), \pi(k), B),$$

and for each $b \in B$, $\pi(k)^{-1}(b)$ is homeomorphic to $V_{n,k}$. (Notice that $\xi(1)$ is equivalent to the sub-bundle $\bar{\xi}$ defined in §1.)

Now B has a covering by open sets $\{U_i\}$ such that $\pi^{-1}(U_i)$ is homeomorphic to $U_i \times R^n$. This homeomorphism can be used to give a homeomorphism between $\pi(k)^{-1}(U_i)$ and $U_i \times V_{n,k}$, and thus define a topology on $E(k)$, since $E(k)$ is the union of the sets $\pi(k)^{-1}(U_i)$.

The point of introducing the bundle $\xi(k)$ is underscored by the following lemma, whose prooof is immediate.

Lemma 2. The bundle ξ has k orthonormal sections $\Leftrightarrow$ the bundle $\xi(k)$ has a section.

To study sections of $\xi(k)$, we again look at the homotopy groups of the fiber $V_{n,k}$.

Fact (see [St. 1, 25 6]). Let n and k be integers such that $1 < k < n$. Then,

$$\pi_i(V_{n,k}) = 0, \quad 0 \leq i < n - k,$$

$$\pi_{n-k}(V_{n,k}) = \begin{cases} Z, & n\text{-}k \text{ even} \\ Z_2, & n\text{-}k \text{ odd.} \end{cases}$$

Consequently, by using the step-wise procedure described in the previous section we see that:

a) The bundle $\xi(k)$ has a section over $B^{(n-k)}$.

b) There is an "obstruction" to a section over $B^{(n-k+1)}$. This obstruction is a cohomology class $\theta_k(\xi) \in H^{n-k+1}(B; \pi_{n-k}(V_{n,k}))$.

(As before one starts with an obstruction cochain defined by a section over $B^{(n-k)}$. This cochain is in fact a cocycle whose cohomology class depends only on the bundle ξ and not on the particular choice of section. Moreover, $\theta_k(\xi) = 0 \Leftrightarrow$ $\xi(k)$ has a section over $B^{(n-k+1)}$. See Steenrod [St. 1, § 35] for a general discussion.)

The relation between the "obstruction" $\theta_k(\xi)$ and the characteristic classes of ξ is given as follows:

Theorem 10. $\vartheta_k(\xi)\,(\mathrm{mod}\ 2) = w_{n-k+1}(\xi) \in H^n(B;Z_2)$.

The phrase "mod 2" refers to the case n-k even: for then $\pi_{n-k}(V_{n,k}) = Z$, and the theorem only holds by reducing from Z coefficients to Z_2 coefficients.

The proof of Theorem 10 is given in [M.1, p. 55]

As a special case, suppose n odd and $k = 2$. We then have:

$$\mathcal{O}_2(\xi) = w_{n-1}(\xi) \in H^{n-1}(B;Z_2).$$

In other words: ξ has 2 independent sections over $B^{(n-1)} \Leftrightarrow$ $w_{n-1}(\xi) = 0$.

Now take $\xi = \tau$, the tangent bundle of an m-manifold M. By the argument given in Remark 1, we then obtain:

Corollary 6. Let M be an odd-dimensional orientable manifold. Then M has a 2-field with finite singularities $\Leftrightarrow w_{m-1}M = 0$, $m = \dim M$.

In the next two lectures we compute the "obstruction" in dim m to M having a 2-field.

Remark 3. In the original approach of Stiefel and Whitney (see St. 1, §§ 38-39) the characteristic classes were defined to be the obstruction to sections in $\xi(k)$. In other words, Theorem 10 was originally a definition and the Axioms A - D given in III were then theorems about the classes so defined. The axiomatic approach to characteristic classes was initiated by Hirzebruch [H] and was carried out for the Stiefel-Whitney classes by Milnor [M.1].

E. Thomas

Lecture VII. Higher order characteristic classes

1. Basic philosophy of characteristic classes. Let us look at characteristic classes from a more general point of view. (Note the discussion in [3], [5], and [6]. Also, see [15] for a rather different approach.) Suppose that h^* is a cohomology theory (see lectures of Eckmann) and that Φ is a cohomology operation of degree i defined on h^*. In other words for each pair (X,A) and integer q, Φ is a transformation (not necessarily linear)

$$\Phi: h^q(X,A) \to h^{q+i}(X,A),$$

such that if (X',A') is a second pair and $f: (X',A') \to (X,A)$ a map, then

$$\Phi f^* = f^* \Phi,$$

where $f^*: h^*(X,A) \to h^*(X',A')$ is the homomorphism induced by f. We want to see how we can define the notion of a characteristic class associated with Φ. We need to suppose that we have some category $\mathcal{C}$ of vector bundles such that for bundles in $\mathcal{C}$ there is a Thom isomorphism for the theory h^*. (For example, $\mathcal{C}$ might be all vector bundles, or all orientable bundles, or all orientable bundles ξ such that $w_2(\xi) = 0$, etc.) That is, for n-plane bundles $\xi = (E, \pi, B)$ in $\mathcal{C}$ we assume there is a "Thom class" $U \in h^n(E,E_0)$ such that the transformation

$$\psi: h^i(B) \to h^{n+i}(E,E_0),$$

given by $x \to \pi^* x \smile U$, is an isomorphism. We then define

$$w_\Phi(\xi) = \psi^{-1}\Phi(U) \in h^i(B).$$

Examples: a) If h^* = mod 2 singular cohomology, $\mathcal{C}$ = all vector bundles, and $\Phi = Sq^1$, then $w_\Phi(\xi) = w_1(\xi)$.

b) If h^* = integral singular cohomology, $\mathcal{C}$ = all oriented vector bundles, and Φ = cup-product square, then

$$w_\Phi(\xi) = \chi(\xi).$$

We usually call operations Φ primary (or first order) operations, because one assumes that they are defined on all classes in the theory h^*. However, we also have the notion of a secondary operation. This will be defined only on some subgroup of $h^*(X,A)$ and will take its values in a quotient group of $h^*(X,A)$, again subject to the appropriate naturality condition. We also can associate a characteristic class $w_\Phi(\xi)$ with such a secondary operation, though we now have two differences: i) we must now postulate that the operation Φ is defined on the Thom class U; ii) $w_\Phi(\xi)$ will now only be an element of a quotient group of $H^i(B)$.

Suppose we have a characteristic class $w_\Phi(\xi)$ defined using some operation Φ (primary or secondary). We then have the basic question:

Question. What geometric significance does the class $w_\Phi(\xi)$ posses? In other words, can we view $w_\Phi(\xi)$ as the obstruction to some bundle (associated with ξ) having a section ?

(In phrasing the question we are thinking of the fact that $w_i(\xi)$ is the obstruction (mod 2) to $\xi(n-i+1)$ having a section over $B^{(i)}$, $n = \dim \xi$. See Theorem 10.)

In the remainder of the lecture we will define some "secondary" characteristic classes and show that they give the "second" obstruction for the 2-field problem.

2. The Adem relations. The cohomology operations we need arise because of the "Adem relations" that exist for the Steenrod squares. We describe these relations in this section.

Because each operation Sq^i is an endomorphism of the cohomology module $H^*(X,A)$ (for a given pair (X,A)), it makes sense to talk about the composition $Sq^i Sq^j$. Namely, for each $u \in H^*(X,A)$ we define

$$(Sq^i Sq^j)(u) = Sq^i(Sq^j(u)).$$

Similarly, we add operations by adding their functional values. In this way we can consider an operation of the form

$$(*) \qquad \alpha_1\beta_1 + \alpha_2\beta_2 + \ldots + \alpha_s\beta_s,$$

where each α_i and β_j is some composition of Steenrod squares. That is, given $u \in H^*(X,A)$, then by definition

$$(\alpha_1\beta_1 + \ldots + \alpha_s\beta_s)(u) = \sum_{i=1}^{s} \alpha_i(\beta_i(u)).$$

(In what follows we will always assume that for each i, $1 \leq i \leq s$, $\deg \alpha_i + \deg \beta_i$ is constant.)

By a relation we mean an operation, of the form given in (*), which vanishes identically. That is, for all pairs (X,A) and classes $u \in H^*(X,A)$,

$$(\alpha_1\beta_1 + \ldots + \alpha_s\beta_s)(u) = 0.$$

We express this by writing $\alpha_1\beta_1 + \ldots + \alpha_s\beta_s = 0$. Two simple examples of relations are:

$$Sq^1 Sq^1 = 0,$$

$$Sq^2 Sq^2 + Sq^3 Sq^1 = 0.$$

It is a remarkable fact that <u>all</u> relations can be expressed in terms of the following basic relations due to J. Adem [4].

<u>The Adem relations.</u> Let a and b be integers with $a < 2b$. Then

$$Sq^a Sq^b = \sum_{i=0}^{[a/2]} \binom{b-i-1}{a-2i} Sq^{b+a-i} Sq^i .$$

(Here, for any real number, q, $[q]$ denotes the greatest integer $\leq q$.)

Before describing, in the next section, how these relations give rise to secondary cohomology operations, we need to comment on two additional properties of these relations.

<u>Comment 1.</u> Let u be a cohomology class with <u>integral</u> coefficients. We then define $Sq^1(u)$ to be Sq^1 applied to the mod 2 reduction of u. A basic property of the squares is that:

if u is an integral class, then

$$Sq^1(u) = 0.$$

Because of this, we can have relations among the squares that obtain on integral classes but not on classes mod 2. For example

$$Sq^2 Sq^2 = 0, \text{ on integral classes.}$$

(Since $Sq^2Sq^2 = Sq^3Sq^1$ and $Sq^1 = 0$ on integral classes.)

<u>Comment 2.</u> Properly speaking the relations we have considered so far are called <u>stable</u> relations, in the sense that they hold on cohomology classes of any degree. We say that an operation $\alpha_1\beta_1 + \ldots + \alpha_s\beta_s$ gives a <u>non-stable relation</u> if there is an integer N such that for all cohomology classes u <u>of degree</u> $\leq N$,

$$(\alpha_1\beta_1 + \ldots + \alpha_s\beta_s)(u) = 0,$$

and there is a class v of degree $N + 1$ such that $(\alpha_1\beta_1+\ldots+\alpha_s\beta_s)(v) \neq 0$. For a simple example, notice that by the Adem relations,

$$Sq^1Sq^{2n} = Sq^{2n+1},$$

for all $n \geq 1$. Thus we have the <u>non-stable</u> relation

$$Sq^1Sq^{2n} = 0, \text{ on classes of deg. } \leq 2n.$$

(Since by the axioms for the squares, §IV, $Sq^{2n+1}(u) = 0$ if $\deg u < 2n + 1$.)

3. <u>The secondary operations of Adams</u>. Suppose we have a (stable) relation

$$\alpha_1\beta_1 +\ldots+ \alpha_s\beta_s = 0,$$

say degree α_i + degree $\beta_i = t$. Adams has shown [1] that with each such relation, one has a (stable) secondary cohomology operation Φ of degree $t - 1$, characterized as follows. For each pair (X,A) and positive integer n, Φ is defined on those classes u in $H^n(X,A)$ (mod 2 coefficients) such that

$$\beta_1(u) = 0,\ldots,\beta_s(u) = 0.$$

In other words,

(a) $$\text{domain } \Phi = \text{Kernel } \beta_1 \cap \ldots \cap \text{Kernel } \beta_s.$$

The range of Φ is a certain quotient group of $H^{n+t-1}(X,A)$. Namely, for each $q \geq 0$, define

$$\text{Indet}^q(X,A;\Phi) = \sum_{i=1}^{s} \alpha_i H^{q-n_i}(X,A),$$

where degree $\alpha_i = n_i$. (Thus, $\text{Indet}^q(X,A;\Phi)$ is a subgroup of $H^q(X,A)$, called the <u>indeterminacy</u> subgroup.) If Φ is defined on $u \in H^n(X,A)$, then,

(b) $$\Phi(u) \in H^{n+t-1}(X,A)/\text{Indet}^{n+t-1}(X,A;\Phi).$$

Finally, one has the basic naturality condition requred of any cohomology operation:

(c) $\Phi f^* = f^* \Phi$, when $f: (X',A') \to (X,A)$.

(Notice that (c) makes sense since

$$f^* \text{ Indet}^q(X,A;\Phi) \subset \text{Indet}^q(X',A';\Phi).)$$

<u>Comment 3</u>. If $\alpha_1\beta_1 + \ldots + \alpha_s\beta_s = 0$ is a relation only on <u>integral</u> cohomology classes, then one associates with it a cohomology operation Φ defined only on those <u>integral</u> classes u in $\text{Kernel } \beta_1 \cap \ldots \cap \text{Kernel } \beta_s$. Properties (b) and (c) above remain unchanged.

<u>Comment 4</u>. If $\alpha_1\beta_1 + \ldots + \alpha_s\beta_s = 0$ is a <u>non-stable</u> relation, holding only on those classes u of degree $\leq N$ (where N is some fixed integer), then an operation Φ is defined only on those classes u of $\dim \leq N$, such that u in $\text{Kernel } \beta_1 \cap \ldots \cap \text{Kernel } \beta_s$. Φ is called a <u>non-stable</u> operation.

The difference between stable and non-stable operations shows up in their behaviour on sums. We state this as a theorem.

<u>Theorem 11</u>. Let Φ be a secondary cohomology operation of Adams, stable or non-stable. Let u, v be classes (of the same degree) in the domain of Φ. Then $u + v$ is also in the domain of Φ. Moreover:

a) If Φ is stable, then

$$\Phi(u+v) = \Phi(u) + \Phi(v).$$

b) If Φ is non-stable and if $\deg u = \deg v = \deg \Phi$, then

$$\Phi(u+v) = \Phi(u) + \Phi(v) + \{u \smile v\},$$

where $\{u \smile v\}$ denotes the image of $u \smile v$ in the quotient group

$$H^{2n}(X,A)/\mathrm{Indet}^{2n}(X,A;\Phi), \quad n = \deg u = \deg v.$$

Since each operation β_1 is linear, it is clear that $u + v$ is in domain Φ. The proof of a) is given in [1] while b) can be proved by the method of [7].

4. Specific operations. According to the Adem relations, one has the following relation:

$$(**) \qquad Sq^2 Sq^{n-1} = Sq^n Sq^1 + \binom{n-2}{2} Sq^{n+1}.$$

Recall that Sq^1 vanishes on integral cohomology classes. Also, one shows easily that if $n \equiv 2,3 \bmod 4$ $(n \geq 4)$, then $\binom{n-2}{2}$ is even (and hence $\equiv 0 \bmod 2$). Thus, out of (**), we obtain the following two relations:

(1) $Sq^2 Sq^{n-1} = 0$, on integral classes, if $n \equiv 2,3 \bmod 4$.

(2) $Sq^2 Sq^{n-1} = 0$, on integral classes of degree $\leq n$, if $n \equiv 0,1 \bmod 4$.

Thus (1) is a stable relation, while (2) is non-stable.

Definition. Let Φ_n denote the Adams secondary operation (of degree n) associated with relation (1) if $n \equiv 2,3 \bmod 4$ and with relation (2) if $n \equiv 0,1 \bmod 4$.

By definition, Φ_n is defined on those classes $u \in H^q(X,A;Z)$ such that $Sq^{n-1}(u) = 0$, and such that $q \leq n$ if $n \equiv 0,1 \bmod 4$. And if Φ is defined on u, then

$$\Phi(u) \in H^{q+n}(X,A;Z_2)/Sq^2H^{q+n-2}(X,A;Z_2).$$

5. <u>The second obstruction</u>. We now define characteristic classes associated with the operations Φ_n (see §1). For each positive integer n, define $\mathcal{C}(n)$ to be the category of all orientable n-plane bundles ξ such that $w_{n-1}\xi = 0$, together with all bundle maps between such bundles.

<u>Claim</u>: Let ξ be a bundle in $\mathcal{C}(n)$, and let $U \in H^n(E,E_0;Z)$ be the Thom class of ξ (corresponding to a given choice of orientation). Then the operation Φ_n is defined on U.

To see this, recall that by definition (see IV),

$$w_{n-1}\xi = \psi^{-1}Sq^{n-1}U.$$

But $w_{n-1}\xi = 0$ and so $Sq^{n-1}U = 0$ (ψ is an isomorphism). Therefore, Φ_n is defined on U, since U is an integral class. Also if $n \equiv 0,1 \bmod 4$, we have the fact that degree $U = n$.

Thus we have:

$$\Phi_n(U) \in H^{2n}(E,E_0)/Sq^2H^{2n-2}(E,E_0).$$

We want to define a secondary characteristic class by applying the Thom isomorphism (inverse) ψ^{-1} to $\Phi_n(U)$. For this we need to define for each $q \geq 2$,

$$J^q(B) = \text{subgroup of } H^q(B) \text{ given by classes } Sq^2(u) + u \smile w_2(\xi), \text{ where } u \text{ runs over all of } H^{q-2}(B).$$

<u>Claim</u>: ψ: $J^n(B) \approx Sq^2 H^{2n-2}(E,E_0)$.

The proof follows at once from property c) in IV.1, together with the definition of ψ and of $w_2(\xi)$ given in IV.2. Using the above fact we see that $\psi^{-1}(\Phi_n(U)) \in H^n(B)/J^n(B)$.

<u>Definition</u>. Let ξ be an orientable n-plane bundle such that $w_{n-1}\xi = 0$. We then define

$$k_n(\xi) = \psi^{-1}\Phi_n(U) \in H^n(B)/J^n(B).$$

(For historical purposes we write $k_n(\xi)$ instead of $w_{\Phi_n}(\xi)$.)

We now have defined, in a simple way, a secondary characteristic class. As in §1 we ask: what geometric significance does k_n have?

We now restrict attention to the case n <u>is odd</u>. Recall that in §2 of VI we stated that in this case, $w_{n-1}(\xi)$ is the obstruction to $\xi(2)$ having a section over $B^{(n-1)}$. Suppose ξ is in $\mathcal{C}(n)$--i.e., $w_{n-1}(\xi) = 0$. Then $\xi(2)$ has a section over $B^{(n-1)}$. Following the procedure outlined in Lecture VI one sees that the "obstruction" to $\xi(2)$ having a section over $B^{(n)}$ will be a cohomology class of degree n with coefficients in $\pi_{n-1}(V_{n,2})$--in other words, a mod 2 cohomology class, since $\pi_{n-1}(V_{n,2}) \approx Z_2$. It turns out that this "second" obstruction depends upon the particular choice of section of $\xi(2)$ over $B^{(n-1)}$. Let $s_2(\xi)$ denote the set of cohomology classes in $H^n(B)$ corresponding to the obstructions for all possible sections over $B^{(n-1)}$. One then shows:

(a) $s_2(\xi)$ is a coset of the subgroup $J^n(B)$. Thus, we can regard $s_2(\xi)$ as an element of the factor group $H^n(B)/J^n(B)$.

(b) If $\xi \in \mathcal{C}(n)$, then $\xi(2)$ has a section over $B^{(n)}$ $\Longleftrightarrow$ $s_2(\xi) = 0$ in $H^n(B)/J^n(B)$.

(For proof see Liao [12] or the general discussion in [T].)

We now can state the main result of the lecture.

Theorem 12. Let ξ be an orientable n-plane bundle over a complex B such that $w_{n-1}(\xi) = 0$, n odd. Then,

$$s_2(\xi) = k_n(\xi) + \{w_2(\xi) \cdot w_{n-2}(\xi)\} \in H^n(B)/J^n(B).$$

The proof for $n \equiv 3 \bmod 4$ is given in [13]; the proof for $n \equiv 1 \bmod 4$ is given in [19].

As a special case suppose that $\xi = \tau$, the tangent bundle of an orientable manifold M of odd dimension m such that $w_{m-1}(M) = 0$. Now by a theorem of Wu (see appendix to VIII), for any orientable m-manifold M, $J^m(M) = 0$. Thus $s_2(\tau) \in H^m(M) \approx Z_2$, and so $s_2(\tau)$ is simply an integer mod 2. Comparing the definitions in V and VI it is easily seen that

$$s_2(\tau) = \text{Index}(X_1, X_2)\mu,$$

where (X_1, X_2) is any 2-field on M with finite singularities (which we know exists, since $w_{m-1}(M) = 0$. See VI.). Combining this with Theorem 12, we obtain the result we need to prove Theorem 8, setting $k_m(M) = k_m(\tau)$.

Corollary 7. Let M be an orientable m-manifold, m odd, such that

$$w_{m-1}(M) = 0, \quad w_2(M) = 0.$$

Let (X_1, X_2) be an 2-field on M with finite singularities. Then

$$\text{Index}(X_1, X_2)\mu = k_m(M) \in H^m(M).$$

In our final lecture we show how to compute the operation Φ_m on U, and hence compute $k_m(M)$.

Remark. In VI we sketched the classical obstruction theory for a bundle due to Steenrod [St.1]. However, to prove theorem 12 it turns out to be more convenient to use the obstruction theory of Postnikov, as developed by Moore, Hermann, and Mahowald. See [T] for an exposition of this method.

Lecture VIII. <u>The Thom class of a manifold.</u>

The purpose of this lecture is to prove theorem 8, given in V. In order to prove parts a) and b) together we will assume in b) (as in a)), that $w_2(M) = 0$. (In order to prove b) <u>without</u> assuming $w_2(M) = 0$, a new method is required. See [18] for details.) Throughout the lecture, M will denote a <u>compact</u> manifold.

1. <u>The geodesic map</u>. Let M be a (compact) manifold, and let E denote the total space of its tangent bundle τ. Assume that τ has been given a Riemannian metric. For each positive number ε let $E(\varepsilon)$ denote the subset of E consisting of vectors of length $\leq \varepsilon$. Let $E_0(\varepsilon) = E_0 \cap E(\varepsilon)$. Define a map (see [M.1, p. 45])

$$E(\varepsilon) \to M \times M$$

by sending the pair (p,v) (where $v \in M_p$) into (p,q), where q is the endpoint of the geodesic on M which starts at p in the direction of v and has length $\|v\|$. (See [M.3, pp. 56-58]).

(Locally, the map looks as follows. If U is an open set in R^m, with tangent bundle $U \times R^m$, then the map sends the pair (u,v) into (u,u+v).)

For ε sufficiently small this gives a homeomorphism of $E(\varepsilon)$ onto a subset D of $M \times M$ (since M is compact). Moreover, the map sends the pair (p,0) onto (p,p), and so maps $E_0(\varepsilon)$ homeomorphically onto $D - \Delta$, where Δ denotes the diagonal (= all points (p,p) in M). Hence the map induces an isomorphism in cohomology (any coefficients) $H^*(D, D-\Delta) \approx H^*(E(\varepsilon), E_0(\varepsilon))$. We now make two uses of the "excision" property for singular cohomology (See [S, p. 240]). By this property the two inclusions

$$(E(\varepsilon), E_0(\varepsilon)) \subset (E, E_0),$$

$$(D, D-\Delta) \subset (M\times M, M\times M-\Delta),$$

induce isomorphisms in cohomology. Let e denote the composition of the following isomorphisms:

$$\underbrace{H^*(E,E_0) \overset{\approx}{\to} H^*(E(\varepsilon),E_0(\varepsilon)) \approx H^*(D,D-\Delta) \overset{\approx}{\leftarrow} H^*(M\times M, M\times M-\Delta)}_{e}.$$

Let $U \in H^m(E,E_0)$ denote the Thom class of the tangent bundle, and define

$$\underline{U} = i^* e U \in H^m(M\times M),$$

where i^* is induced by the inclusion

$$i\colon M\times M \subset (M\times M, M\times M-\Delta).$$

2. Computation of the class $\underline{U}$. We consider two cases simultaneously (following the discussion in [M. 1, p. 47]).

Case 1. M is not necessarily oriented and the coefficient group is Z_2.

Case 2. M is oriented and the coefficient group is the rational number, Q.

In either case let $\mu \in H^m(M)$ denote the generator (corresponding to a given orientation of M, in case 2). Since M is compact, $H^*(M)$ is a finite dimensional vector space (over Z_2 in case 1, over Q in case 2). Let $\gamma_1, \gamma_2, \ldots, \gamma_t$ be a basis for the vector space $H^*(M)$. By the Künneth theorem in cohomology, since we have a field for coefficients in either case

$$H^*(M\times M) \approx H^*(M) \otimes H^*(M).$$

(See [S, 5.6.1])

Thus the elements $\gamma_i \otimes \gamma_j$ in $H^*(M\times M)$, $1 \leq i,\ j \leq t$, form a basis. Since $\underline{U} \in H^m(M\times M)$, this means we can express $\underline{U}$ in terms of the classes $\{\gamma_i \otimes \gamma_j\}$.

Let $\Lambda = Z_2$ or Q according to whether we are in case 1 or case 2. We define a $(t\times t)$-matrix $Y = (y_{ij})$ over Λ, as follows.

If degree γ_i + degree $\gamma_j \neq m$, set $y_{ij} = 0$.

If degree $\gamma_i + \gamma_j = m$, define y_{ij} by

$$\gamma_i \smile \gamma_j = y_{ij}\mu.$$

One now can compute the class $\underline{U}$ in terms of the matrix Y.

<u>Theorem 13</u>. The class $\underline{U} \in H^m(M\times M)$ is equal to $\sum c_{ij}\gamma_i \otimes \gamma_j$, where the matix $C = (c_{ij})$ is, up to a sign, the inverse of the matrix Y. If m is even or if $\Lambda = Z_2$, then C is the inverse of Y.

The proof is given in [M.1, p. 51.]. See also [S] and [21].

Using Theorem 13, Milnor proves:

<u>Theorem 14</u>. If M is a compact oriented m-manifold with tangent bundle $\tau(M)$, then

$$\chi(\tau(M)) = \chi(M)\mu.$$

If m is odd the proof is immediate, since each of $\chi(\tau(M))$ and $\chi(M)$ is zero. For m even, see [M.1, p.52].

3. <u>The Thom class mod 2.</u> For the proof of Theorem 8 we will need the special case of Theorem 13 given by m odd and $\Lambda = Z_2$.

Let i be a positive integer and let

$$\{a_1, \ldots, a_s\} \text{ be a basis for } H^i(M)$$

(mod 2 coefficients). By the Poincaré duality theorem ([M. 1, p. 51] or [S, p. 297]) one knows that

$$\dim H^{m-i}(M) = \dim H^i(M).$$

Moreover, one can choose a basis $\{b_1, \ldots, b_s\}$ for $H^{m-i}(M)$ such that

$$a_i \smile b_j = \delta_{ij}\mu,$$

where μ generates $H^m(M) \approx Z_2$.

Now let m be an odd integer (> 1), say $m = 2k + 1$. Then by what we have just shown, the two graded vector spaces

$$\sum_{i=0}^{k} H^i(M), \quad \sum_{i=0}^{k} H^{m-i}(M)$$

have the same total dimension (say d). And moreover, one can choose bases for these vector spaces, say

$$\{\alpha_1, \ldots, \alpha_d\} \quad \text{for} \quad \sum_{i=0}^{k} H^i(M)$$

and

$$\{\beta_1, \ldots, \beta_d\} \quad \text{for} \quad \sum_{i=0}^{k} H^{m-i}(M),$$

such that if $\deg \alpha_i + \deg \beta_j = m$, then

$$\alpha_i \smile \beta_j = \delta_{ij}\mu.$$

Now take as basis for the whole vector space $H^*(M)$ the classes

$$\{\alpha_1, \ldots, \alpha_d, \beta_d, \ldots, \beta_1\}.$$

Or, using the notation in §2,

$$\gamma_i = \alpha_i, \quad 1 \leq i \leq d,$$

$$\gamma_{d+j} = \beta_{d+1-j}, \quad 1 \leq j \leq d.$$

Now by definition the matrix $Y = (y_{ij})$ is given by

$$\gamma_i \smile \gamma_j = y_{ij}\mu,$$

and so for this particular choice of basis we have

$$Y = \begin{pmatrix} 0 & & 1 \\ & \cdot^{\cdot^{\cdot}} & \\ 1 & & 0 \end{pmatrix}.$$

Thus $C = Y^{-1} = Y$, and so by Theorem 13 we obtain

Corollary 8. Let M be an odd-dimensional manifold. Then

$$\underline{U} \bmod 2 = \sum_{i=1}^{d} (\alpha_i \otimes \beta_i + \beta_i \otimes \alpha_i).$$

Let $t\colon M \times M \to M \times M$ be the transposition map, $t(x,y) = (y,x)$, and let t^* be the induced homomorphism on mod 2 cohomology. Then, if $\alpha \otimes \beta \in H^*(M \times M)$ we have

(a) $\qquad t^*(\alpha \otimes \beta) = \beta \otimes \alpha.$

Set

$$A = \sum_{i=1}^{d} \alpha_i \otimes \beta_i \in H^m(M),$$

where $\{\alpha_i\}$, $\{\beta_i\}$ are the bases given above. Then by (a) and Corollary 8 we have

(b) $\qquad \underline{U} \bmod 2 = A + t^*A.$

For the proof of Theorem 8 we will need one more fact about the class A. Namely,

(c) $\qquad A \smile t^*A = \hat{\chi}_2(M)(\mu \otimes \mu).$

To prove this, notice that

(d) $\quad (\alpha_i \smile \beta_j) \otimes (\beta_i \smile \alpha_j) = 0$, unless $i = j$.

For if $\deg \alpha_i + \deg \beta_j \neq m$, then one of the pairs $\alpha_i \smile \beta_j$ or $\beta_i \smile \alpha_j$ has degree $> m$ and hence is zero. (Recall that $\dim M = m$.) On the other hand, if $\deg \alpha_i + \deg \beta_j = m$, then by hypothesis,

$$\alpha_i \smile \beta_j = \delta_{ij}\mu .$$

Using (d) we have:

$$A \smile t^*A = \left(\sum_{i=1}^{d} \alpha_i \otimes \beta_i \right) \smile \left(\sum_{j=1}^{d} \beta_j \otimes \alpha_j \right)$$

$$= \sum_{i,j} (\alpha_i \smile \beta_j) \otimes (\beta_i \smile \alpha_j) = \sum_{i=1}^{d} (\alpha_i \smile \beta_i) \otimes (\beta_i \smile \alpha_i)$$

$$= d(\mu \otimes \mu).$$

Now by definition,

$$d = \dim \left(\sum_{i=0}^{k} H^i(M) \right)$$

and so $2d = \dim H^*(M)$. Therefore by IV,

$$\hat{\chi}_2(M) = \left(\frac{1}{2} \sum_{i=0}^{m} \dim H^i(M) \right) \bmod 2 = d \bmod 2,$$

and so we have

$$A \smile t^*A = d(\mu \otimes \mu) = (d \bmod 2)(\mu \otimes \mu) = \hat{\chi}_2(M)(\mu \otimes \mu),$$

as claimed.

We sum up these results as follows.

<u>Theorem 15.</u> Let M be an odd-dimensional manifold, say $\dim M = 2k + 1$. Choose bases

$$\{\alpha_1,\ldots,\alpha_d\} \quad \text{for} \quad \sum_{i=0}^{k} H^i(M)$$

and
$$\{\beta_1,\ldots,\beta_d\} \quad \text{for} \quad \sum_{i=0}^{k} H^{m-i}(M),$$

such that if $\deg \alpha_i + \deg \beta_j = \dim M$, then $\alpha_i \smile \beta_j = \delta_{ij}\mu$. Set $A = \sum_{i=1}^{d} \alpha_i \otimes \beta_i$. Then

$$\underline{U} \bmod 2 = A + t^*A$$

and
$$A \smile t^*A = \hat{\chi}_2(M)(\mu \otimes \mu).$$

4. Computation of the operation Φ_m on U. In Corollary 7, Lecture VII, we found that in order to compute the index of a 2-field it suffices to compute the characteristic class $k_m(M)$-- i.e., by definition, compute $\Phi_m(U)$. In this section we carry out this computation, and so prove Theorem 8.

We develop some preliminary material before giving the proof. Suppose that M is an oriented m-manifold with Thom class $U \in H^m(E,E_0;Z)$. Let $\mu \in H^m(M)$ (mod 2 coefficients) denote the generator. Thus $\mu \otimes \mu$ generates $H^{2m}(M \times M)$ $(\approx H^m(M) \otimes H^m(M))$. Recall the homomorphism

$$i^*e\colon H^{2m}(E,E_0) \to H^{2m}(M \times M).$$

Now e is an isomorphism, and one easily shows that i^* is injective. (See [5, § 4].) Consequently one has

Lemma 3. Suppose that

$$i^*e(\pi^*(b\mu) \smile U) = a(\mu \otimes \mu),$$

where $a,b \in Z_2$. Then $a = b$.

From the definitions we have made and from Lemma 3 we have at once:

Corollary 9. Suppose that

$$i^{*}e(\Phi_m(U)) = a\{\mu \otimes \mu\}.$$

Then,

$$k_m(M) = a\{\mu\}$$

Suppose now that $w_2(M) = 0$. Then $w_2(M \times M) = 0$ and so by the Wu formula (see appendix to this lecture),

$$Sq^2 H^{2m-1}(M \times M) = 0.$$

By the naturality property for secondary operations

$$i^{*}e\Phi_m(U) = \Phi_m(i^{*}eU) = \Phi_m(\underline{U}),$$

where $\Phi_m(\underline{U})$ is defined with zero indeterminacy subgroup. Consequently, by Corollary 7 and Corollary 9, the proof of Theorem 8 is complete when we show:

$$(*) \qquad \Phi_m(\underline{U}) = \begin{cases} \hat{\chi}_2(M)(\mu \otimes \mu), & \text{if } m \equiv 1 \bmod 4, \\ 0 & , \text{if } m \equiv 3 \bmod 4. \end{cases}$$

To show (*), we want to use the mod 2 calculation of $\underline{U}$ given in §3. Now Φ_m is given as an operation defined on certain integral cohomology classes, but because of the mod 2 computation of $\underline{U}$ we will need to define the operation on mod 2 classes. In the next paragraph we define an operation $\hat{\Phi}_m$ analogous to Φ_m, but defined on mod 2 classes.

Recall the Adem relation given in VII.4:

$$Sq^2 Sq^{n-1} + Sq^n Sq^1 = \binom{n-2}{2} Sq^{n+1}.$$

Suppose that n is odd. Then by VII.2 we have

$$Sq^n = Sq^1 Sq^{n-1},$$

and so following the pattern of VII.4 we obtain two relations depending on the binomial coefficient mod 2.

(1) $Sq^2 Sq^{n-1} + Sq^1(Sq^{n-1}Sq^1) = 0$, on mod 2 classes if $n \equiv 3 \bmod 4$,

(2) $Sq^2 Sq^{n-1} + Sq^1(Sq^{n-1}Sq^1) = 0$, on mod 2 classes of degree $\leq n$ if $n \equiv 1 \bmod 4$.

In other words (1) is a stable relation while (2) is non-stable.

Let $\hat{\Phi}_n$ denote the Adams secondary operation (of degree n) associated with relation (1) if $n \equiv 3 \bmod 4$ and with relation (2) if $n \equiv 1 \bmod 4$.

Because Φ_n and $\hat{\Phi}_n$ are defined using the "same" relation, one can show (see [1]):

<u>Lemma 4</u>. Let $v \in H^q(X;Z)$ be a class such that $\Phi_n(v)$ is defined. Then $\hat{\Phi}_n$ can be chosen so that $\hat{\Phi}_n$ is defined on v mod 2 and

$$\{\Phi_n(v)\} = \hat{\Phi}_n(v \bmod 2),$$

where both sides lie in the factor group

$$Sq^2 H^{q+n-2}(X) + Sq^1 H^{q+n-1}(X).$$

Now let us return to our m-dimensional oriented manifold M, with m odd and $w_2(M) = 0$, $w_{m-1}(M) = 0$. We then have by Lemma 4 ,

<u>Lemma 5</u>. $\Phi_m(\underline{U}) = \hat{\Phi}_m(\underline{U} \bmod 2)$, with zero indeterminacy in $H^{2m}(M\times M)$.

Finally, we have:

<u>Proof of Theorem 8</u>. Consider the class $A = \sum_{i=1}^{d} \alpha_i \otimes \beta_i \in H^m(M\times M)$, as given in Theorem 15, §3. One can show that

$$Sq^{m-1}(A) = 0, \quad Sq^{m-1}Sq^1(A) = 0.$$

(See 4.3 in 19). Thus the operation $\hat{\Phi}_m$ is defined on the class A. (See relations (1) and (2) in §4 and the general discussion in Lecture VII.) Similarly, $\hat{\Phi}_m$ is defined on t^*A (since the squares commute with t^*.) By Theorem 15,

$$\underline{U} \bmod 2 = A + t^*A$$

and so by Lemma 5,

(3) $\Phi_m(\underline{U}) = \hat{\Phi}_m(\underline{U} \bmod 2) = \hat{\Phi}_m(A+t^*A).$

<u>Claim</u>: $\hat{\Phi}_m(A) = \hat{\Phi}_m(t^*A)$.

Proof: Now $\hat{\Phi}_m$ has degree m and so $\hat{\Phi}_m(A)$ and $\hat{\Phi}_m(t^*A)$ lie in $H^{2m}(M\times M) \approx Z_2$. Since $t^*(\mu \otimes \mu) = \mu \otimes \mu$, we see that

$$t^* = \text{identity}: H^{2m}(M\times M) \to H^{2m}(M\times M).$$

Thus, by the naturality of $\hat{\Phi}_m$ (see VII.3(c)),

$$\hat{\Phi}_m(t^*A) = t^*\hat{\Phi}_m(A) = \hat{\Phi}_m(A).$$

We now give the proof of Theorem 8, considering separately the two cases, $m \equiv 1$ or $m \equiv 3 \bmod 4$.

<u>Case $m \equiv 3 \bmod 4$</u>. In this case the operation $\hat{\Phi}_m$ is defined using relation (1) in this section, which is a <u>stable</u> relation. Thus $\hat{\Phi}_m$ is a stable operation and so by Theorem 11 (in VII),

$$\hat{\Phi}_m(\underline{U} \bmod 2) = \hat{\Phi}_m(A+t^*A) = \hat{\Phi}_m(A) + \hat{\Phi}_m(t^*A) = 0,$$

by the above claim. Thus by (3) above,

$$\Phi_m(\underline{U}) = 0,$$

which proves (*) in §4. Thus Theorem 8 is proved for $m \equiv 3 \bmod 4$.

Case $m \equiv 1 \bmod 4$. We now use relation (2) in this section, which is non-stable. Thus $\hat{\Phi}_m$ is a non-stable operation and so by Theorem 11 (in VII),

$$\hat{\Phi}_m(\underline{U} \bmod 2) = \hat{\Phi}_m(A+t^*A) = \hat{\Phi}_m(A) + \hat{\Phi}_m(t^*A) + A \smile t^*A.$$

Therefore by the above claim, by (3) above, and by Theorem 15,

$$\Phi_m(U) = \hat{\chi}_2(M)(\mu \otimes \mu),$$

which proves (*) in §4 and hence completes the proof of Theorem 8.

Appendix. The formula of Wu:

During the course of lectures I did not have time to discuss the following important result of Wu [21]. Let M be a compact manifold of dimension m. Let $H^*(M)$ denote, as usual, the mod 2 cohomology of M. One way to phrase Poincaré duality (mod 2) is the following. Suppose that

$$\lambda : H^{m-i}(M) \longrightarrow H^m(M) \approx Z_2$$

is a linear map, $i \geq 0$. Then there is a class $V_\lambda \in H^i(M)$ such that for all $u \in H^{m-i}(M)$,

$$\lambda(u) = u i V_\lambda .$$

In particular, take $\lambda = Sq^i$ and set $V_i = V_\lambda \in H^i(M)$. The total class

$$V = \sum_{i=0}^{m} V_i \in H^*(M),$$

is called the Wu class of M. Wu's theorem is (see [M.1] [S]):

Theorem (Wu). $w_k(M) = \sum_{i=0}^{k} Sq^i V_{k-i}$, $k \geq 0$.

Now if M is orientable, then $V_{2j+1} = 0$, $j \geq 0$, and so one has at once

Corollary. Let M be an orientable manifold of dim $4s + 3$, $s \geq 0$. Then

$$w_{4s+i}(M) = 0, \qquad i = 1,2,3.$$

REFERENCES

Books and Lecture Notes.

[A-M]. L. Auslander and R. MacKenzie, Introduction to Differentiable Manifolds, McGraw-Hill, 1963.

[H]. F. Hirzebruch, Topological Methods in Algebraic Geometry, 3rd Edition, Springer-Verlag, 1966.

[Ha]. P. Halmos, Finite-dimensional vector spaces, 2nd Edition, Van Nostrand, 1958

[Hu]. S. Hu, Elements of General Topology, Holden-Day, 1964.

[M.1]. J. Milnor, Lectures on characteristic classes, Mimeographed notes, Princeton University, 1957.

[M.2]. ______, Topology from the Differentiable Viewpoint, University of Virginia Press, 1965.

[M.3]. ______, Lectures on Morse Theory, Annals of Math. Studies (No. 51), Princeton, 1963.

[Mu]. J. Munkres, Elementary Differential Topology, Annals of Math. Studies (No. 54), Princeton, 1963 .

[S]. E. Spanier, Algebraic Topology, McGraw-Hill, 1966.

[St.1]. N. Steenrod, The Topology of Fiber Bundles, Princeton University Press, 1951.

[St.2]. N. Steenrod and D. Epstein, Cohomology operations, Annals of Math. Studies (No. 50), 1962

[T]. E. Thomas, Seminar on Fiber Spaces, Lecture notes in Math., No. 13, Springer-Verlag, 1966.

Papers

1. J. F. Adams, On the non-existence of elements of Hopf invariant one, Annals of Math, 72 (1960), 20-104.

2. ______, Vector fields on spheres, ibid., 75 (1962), 603-632.

3. ______, On the groups J(x)-II, Topology, 3 (1965), 137-172.

4. J. Adem, The relations on Steenrod powers of cohomology classes, in Algebraic Geometry and Topology, Princeton, 1957, 191-230.

5. J. Adem and S. Gitler, Secondary characteristic classes and the immersion problem, Bol. Mat. Mex., 1963, 53-78.

6. M. Atiyah and F. Hirzebruch, Cohomologie-operationen und characteristische Klassen, Math. Zeit., 77 (1961), 149-181.

7. E. Brown and F. Peterson, Whitehead products and Cohomology Operations, Quart. J. Math., second series, 17 (1964), 116-120.

8. B. Eckmann, Gruppentheoreterischer Beweis des Satzes Hurwitz-Radon..., Comment. Math. Helv., 15 (1942), 358-366.

9. H. Hopf, Vector fielder in n-dimensionalen mannigfaltigkeiten, Math. Ann., 96 (1927), 225-260.

10. ______, Zur topologie der Komplexen mannigfaltigkeiten, in Studies and Essays presented to R. Courant, Interscience, 1941, 167-186.

11. M. Kervaire, Non-parallelizability of the n-sphere, for n > 7, Proc. Nat. Acad. Sci., (U.S.A.), 44 (1958), 280-283.

12. S. Liao, On the theory of obstructions of fiber bundles, Ann. of Math., 60 (1954), 146-191.

13. M. Mahowald and F. Peterson, Secondary cohomology operations on the Thom class, Topology 2 (1964), 367-377.

14. J. Milnor, Some consequences of a theorm of Bott, Ann. of Math., 68 (1958), 444-449.

15. F. Peterson and N. Stein, Secondary characteristic classes, Ann. of Math., 76 (1962), 510-523.

16. R.H. Szczarba On tangent bundles of fiber spaces and quotient spaces, Amer. J. Math., 86 (1964), 685-697.

17. R. Thom, Espaces fibrés en spheres et carrés de Steenrod, Ann. Ecole Norm, Sup., 69 (1952), 109-182.

18. E. Thomas, Postnikov invariants and higher order cohomology operations, Annals of Math., to appear.

19. ______, The index of a tangent 2-field, Comment, Math. Helv., to appear.

20. J.H. Whitehead, On the groups $\pi_r(V_{n,m})$ and sphere-bundles (with Corrigenduum), Collected Works, Vol. II, Pergamon Press, 303-362.

21. W. Wu, Classes caracteristique et i-carrés d'une variété, C. R. Acad. Sci., Paris, 230 (1950), 508-511.

CENTRO INTERNAZIONALE MATEMATICO ESTIVO

(C.I.M.E.)

A. VAN de VEN

CHERN CLASSES AND COMPLEX MANIFOLDS

Corso tenuto all'Aquila dal 2 al 10 settembre 1966

CHERN CLASSES AND COMPLEX MANIFOLDS

by

A. Van de Ven

O. Preliminaries.

As usual, we shall denote by Z the ring of integers, and by $\mathbb{R}$ and $\mathbb{C}$ the fields of real and complex numbers. If K is a field K^n will stand for the K-vectorspace of ordered n-tuples of elements of K. GL(n, K) for the general lineair group, operating on K^n, and PGL(n, K) for the projective lineair group, operating on the projective space of K^{n+1}.

If S is a commutative ring with unit element, $H^i(X, S)$ will be the i-th (Alexander Spanier) cohomology group of the space X (always assumed Hausdorff), with coefficients in S, and $H^*(X, S)$ the cohomology ring of X.

We shall frequently consider differentiable (C^∞), compact, connected, oriented n-manifolds V^n. $[V]$ denotes the fundamental cycle of V, its homology class will be called the natural generator of $H^n(V, Z)$.

By taking as a product of the homology classes $h \in H_i(V, Z)$ and $h' \in H_j(V, Z)$ their intersection class $h.h' \in H_{i+j-n}(V, Z)$, we can introduce the homology ring $H_*(V, Z)$. Then the Poincaré duality $\mathcal{D}_V$ gives an isomorphism from $H^*(V, Z)$ onto $H_*(V, Z)$.

In chapter 3 we shall use

Proposition 0.1. Let V^n, W^m be oriented, compact, connected differentiable manifolds, $m \geq n$, T^{m-n} an oriented compact submanifold of W^m, $f: V^n \longrightarrow W^m$ a differentiable map, mapping V diffeomorphically and orientation preserving on the closed oriented submanifold U^n of W^m. if T and U intersect transversally in a finite number of points $p_1, \dots, p_k$, and t is the dual of the homology class of T, then $f^*(f)[V] = \sum_{i=1}^{k} (-1)^{\sigma_i}$, where $\sigma_i (= \pm 1)$ is the intersection multiplicity of T and U at p_i .

This proposition follows from the results in [8], together with the fact that the " Umkehrungs homomorphismus " equals $\mathcal{D}_V^{-1} f^* \mathcal{D}_W^{-1}$.

Let X be a topological space. A presheaf $\mathcal{P}$ on X associates to each open set $U \subset X$ an abelian group G_u, in particular to the empty set the zero group, and to each inclusion $V \subset U$ a homomorphism $h_{VU} : G_u \longrightarrow G_v$, such that h_{UU} is the identity and $h_{wu} = h_{wv} \circ h_{VU}$ for each triple $W \subset V \subset U$. By the Czech procedure, cohomology groups with coefficients in $\mathcal{P}$ can be defined for any open covering of X, and by going to the limit, for X itself. For details see [7], Chapter 1, and for a more extensive treatement [5].

General references.

Chapter 1 : [3] , [9]
Chapter 2 : [18] , [14]
Chapter 3 : [14] , [2], [6]. (Our treatment of Pontrjagin classes follows [14] closely) .
Chapter 4 : [3] , [19] .

A. Van de Ven

1. Complex manifolds.

The concept of a complex manifold is a direct generalisation of the concept of a Riemann surface. In its most naive form, the definition is as follows.

Let X be a Hausdorff space. A complex n-atlas on X is an open covering $\{U_i\}$, $i \in I$, of X, together with homeomorphisms $\varphi_i : E_i \to U_i$, $i \in I$, where E_i is an open subset of $\mathbb{C}^n$, such that for all $i, j \in I$

$$\varphi_j^{-1} \circ \varphi_i : \varphi_i^{-1}(U_i \cap U_j) \to \varphi_j(U_i \cap U_j)$$

is a holomorphic map.

Two atlasses are called equivalent if together they form a third atlas, and an equivalence class of atlasses is called an (n-dimensional) complex structure on X. A Hausdorff space X, together with an n-dimensional complex structure on X is called an n-dimensional complex manifold.

An n-dimensional complex manifold X is in an obvious way a 2n-dimensional differentiable (even real analytic) manifold. If $(z_1, \ldots, z_n)$ is a set of local coordinates in a neighbourhood of $p \in X$, where $z_j = x_j + \sqrt{-1}\, y_j$, $j = 1, \ldots n$, then the ordering $(x_1, y_1, x_2, y_2, \ldots, x_n, y_n)$ gives an orientation of X in ar neighbourhood of p, which turns out to be independant of the choice of local coordinates. The induced global orientation of X will be called the canonical or natural orientation of X.

Simple examples of complex manifolds are open sets in $\mathbb{C}^n$, Riemann surfaces, and the n-dimensional complex projective space P_n. In this last case, if $(x_o, \ldots, x_n)$ is a set of homogeneous coordinates, an atlas is given by the open sets $U_i = \{(x_o, \ldots, x_n) \in P_n \ , \ x_i \neq 0\}$, $i = 0, \ldots, n$ with $\frac{x_o}{x_i}, \ldots, \frac{x_{i-1}}{x_i}, \frac{x_{i+1}}{x_i}, \ldots, \frac{x_n}{x_i}$ as local coordinates in U_i . The corresponding complex structure in clearly independant of the choice of $(x_o, \ldots, x_n)$.

A large class of examples of compact complex manifolds is provided by the non singular projective algebraic manifolds. We recall, that an algebraic variety $V \subset P_n$ can be given as the set of zeros of a finite number of homogeneous polynomials $f_1(x_o, \ldots, x_n), \ldots, f_k(x_o, \ldots, x_n)$. V is called irreducible if V is not the union of two other algebraic varieties, properly contained in V. For an irreducible V dimension V is defined as the transcendence degree over $\mathbb{C}$ of the field of rational functions on V.

Now let V be irreducible, of dimension d, $p \in V$, $p \in U_i$, $y_j = \frac{x_{j+1}}{x_i}$ for $j < i$, $y_j = \frac{x_j}{x_i}$ for $j > i$. If $g_1, \ldots, g_\ell$ is a base for the ideal of all polynomials, in $y_1, \ldots, y_n$, vanishing at $V \cap U_i$, then p is called a simple point of V if the matrix $\left\| \frac{\partial g_k}{\partial y_i} \right\|$, $k = 1, \ldots, l$, $j = 1, \ldots, n$ has rank d at p (this property is independant of the choice of homogeneous coordinates) . $V \subset P_n$ is called non singular if all points of V are simple points. For example, let f be a homogeneous polynomial of degree q in $(x_o, \ldots x_n)$. Then it is easy to verify that, if the coefficients of f do not satisfy a certain algebraic equation. $f = 0$ is an irreducible non singular (n-1) dimensional algebraic variety, a hypersurface of degree q in P_n. More generally, if the homogeneous polynomials $f_1(x_o, \ldots, x_n), \ldots, f_\ell(x_o, \ldots x_n)$ $1 < l < n$, are "sufficiently general", then $f_1 = 0, \ldots, f_\ell = 0$ defines a non singular variety of dimension $n - \ell$, a complete intersection in P_n .

If p is simple on V, there exist by the implicit function theorem, local coordinates $z_1, \ldots, z_n$ in a neighbourhood X of p in P_n, such that $V \cap X$ is given by $z_{d+1} = z_{d+2} = \ldots = z_n = 0$. Therefore, there exists a homeomorphism φ, given by $z_1, \ldots, z_d$ of a suitable open neighbourhood of p on V onto an open subset of C^d. Thus we get a complex d-atlas on V, if V is non singular, and hence a complex structure on V, independant of the choices of local coordinates, which are involved. A complex structure, obtained in this way, is called a projective (algebraic) structure. A projective manifold is of course compact. If for complex manifolds the concept of a holomorphic map and in particular a holomorphic embedding is defined in the obvious way, it is clear that a projective manifold admits a closed holomorphic embedding in a P_n. A famous theorem of W.L. Chowo ([23]) asserts, that also the converse is true.

It is a natural question to ask whether each compact n-dimensional complex manifold is projective, as is the case for $n = 1$. However, already for $n = 2$ this is no longer true. In fact, it is a classical result ([21] Chapitre VI) that for all $n \geqslant 2$ there are n-dimensional complex tori which are not projective. A complex torus is obtained by dividing out $\mathbb{C}^n$ by the discrete subgroup, generated by 2n vectors, which are independant over $\mathbb{R}$. But many other examples are known of compact, complex manifolds which are not projective. The following one is due to H. Hopf ([9]).

Let G be the group of automorphisms of $\mathbb{C}^n$ of the type

$$x' = 2^k x \qquad , \quad x, x' \in \mathbb{C}^n, \quad k \in Z .$$

G operates on $\mathbb{C}^n - 0$ without fixpoints. The quotient V of $\mathbb{C}^n - 0$

by G is diffeomorphic to $S^1 \times S^{2n-1}$, S^i denoting an oriented i-sphere. If $\pi : \mathbb{C}^n - 0 \to V$ is the canonical projection, then V can be covered by $\pi(D_1)$ and $\pi(D_2)$, where $D_1 = \{x \in \mathbb{C}^n, \ 1 < \|x\| < 2\}$, and $D_2 = \{x \in \mathbb{C}^n, \ \frac{1}{2} < \|x\| < 1\frac{1}{2}$, thus obtaining the structure of a complex manifold. However, for $n \geqslant 2$, $S^1 \times S^{2n-1}$ does not admit any projective structure. This follows for example from the fact that for a d-dimensional projective manifold all even betti numbers b_{2i} $i = 0, \ldots, d$ are different from zero. The following lines give a rough idea about the proof of this result. Let V be non singular, of dimension d in P_n. Then it is not difficult to prove that there always is a lineair subspace $P_e \subset P_n$, intersecting V in a non singular subvariety W, of dimension $f = d+e-n$, $0 \leqslant f \leqslant d$ (W can in fact be chosen irreducible if $f > 0$; but this deeper fact is irrelevant for this proof) . W determines an element of $H_{2f}(V, R)$. To show that this element is not zero, it is sufficient to prove that the element $w \in H_2(P_n, R)$, determined by W, is not zero . Now again there is a $P_{n-f} \subset P_n$, intersecting W transversally in a finite number of points. If P_n, W and P_{n-f} are provided with there natural orientations, it turns out (as a special case of a general fact about complex manifolds) that all the intersection multiplicities are posit - ve , hence + 1 . Consequently, there is an element $p \in H_*(P_n, R)$, such that the intersection class of p and w does not vanish ; i.e. $w \neq 0$.

An n-dimensional complex manifold is an oriented 2n - dimensional differentiable manifold. Thus one can ask : does every oriented , say compact, 2n dimensional differentiable manifold admit a complex structure, as is true for n = 1 ? The examples of (compact)

Riemann surfaces of genus > 1 and of complex tori already show that a differentiable manifold can carry an infinity of complex structures So a second question is that of the classification (up to an isomorphism) of all possible complex structures on an oriented differentiable manifold, once there is at least one. In these lectures, however, we shall consider only the first question.

2. Complex vector bundles.

An n-dimensional complex vector bundle or complex n-vector bundle on the topological space X is a fibre bundle with fibre $\mathbb{C}^n$ and structural group $GL(n, \mathbb{C})$. Is X a differentiable (complex) manifold, then one can of course speak of differentiable (holomorphic) vector bundles on X.

Because of the embedding $GL(n, \mathbb{C}) \longrightarrow GL(2n, \mathbb{R})$, a complex vector bundle is in a natural way an oriented real 2n-vector bundle. It is of course also possible to define a complex n-vector bundle as a real 2n-vector bundle for wich each fibre is provided with a complex structure, depending continuously on the base point. Such a complex structure can be given by an automorphism A of the fibre, with $A^2 = -1$ (A complex structure on an oriented real vector bundle is of course one, that induces the given orientation).

Let ξ_i, i = 1, 2, be a complex n-vector bundle on X_i, with bundle space E_i and projection π_i. Then a bundle homomorphism $h : \xi_1 \to \xi_2$ from ξ_1 into ξ_2 consists of continuous maps $f : E_1 \to E_2$, $g: X_1 \to X_2$, such that $\pi_2 \circ f = g \circ \pi_1$, and such that f maps each fibre of ξ isomorphically onto a fibre of ξ_2. h is an isomorphism iff an g are homeomorphisms.

An important example of a complex vector bundle is given by

the (contravariant) complex tangent bundle Θ_V of an n-dimensional complex manifold V. If $\{U_i\}$ is a covering of V with coordinate neighbourhoods, and $z_1^{(i)}, \ldots, z_n^{(i)}$ a set of coordinates in U_i, then Θ_V is given (as a coordinate bundle) by the coordinate transformations $\left\| \frac{\partial z_k^{(j)}}{\partial z_l^{(i)}} \right\|$ in $U_i \cap U_j$.

Given the complex vector bundles ξ and η on X , one can define their direct sum $\xi \oplus \eta$, the fibre of which bundle at each point $x \in X$ is the direct sum of the fibres of ξ and η at x. If ξ and η are both trivial on the open sets U_i of the covering $\{U_i\}$, $i \in I$, of X, and with respect to this covering given by the coordinate transformations $g_{ij}(x)$ and $h_{ij}(x)$ respectively, then $\xi \oplus \eta$ is given by the coordinate transformations

$$\begin{pmatrix} g_{ij}(x) & 0 \\ 0 & h_{ij}(x) \end{pmatrix} \text{ in } U_i \cap U_j .$$

Similarly, it is possible to define the tensor product $\xi \otimes \eta$ the dual bundle of $\xi = \xi^*$, the exterior products $\Lambda^r \xi$, and the conjugate bundle $\bar{\xi}$.

Let ξ be a d-vector bundle on X. Suppose, it is possible to find a covering $\{U_i\}$ of X, such that ξ is trivial on each U_i, and such that the coordinate transformations of ξ in $U_i \cap U_j$ are of the type

$$\begin{pmatrix} A_{ij} & B_{ij} \\ 0 & C_{ij} \end{pmatrix}$$

with $A_{ij} \in GL(e, \mathbb{C})$ $(1 \leq e \leq d-1)$. Then the A_{ij} determine an e-vector bundle on X, ξ', the fibres of which can be considered to be e-dimensional subspaces of the fibres of ξ. ξ' is called a subbundle of ξ. Also, the C_{ij}'s determine a (d-e)-vector bundle on X, the quotient bundle.

If a complex n-vector bundle is seen as a real 2n-bundle with an automorphism A, $A^2 = -1$, in each fibre, then an e-subbundle is given by a 2e-dimensional subspace of each fibre, depending continuously on the base point, and invariant with respect to A.

Let X, Y be topological spaces, η a complex vector-bundle on Y, $f: X \rightarrow Y$ a continuous map, then the induced bundle $f^{-1}(\eta)$ is characterised by the fact that there is a bundle map from $f^{-1}(\eta)$ into η, inducing f.

Let $G_{n,d}$ be the Grassmann manifold of all d-dimensional lineair subspaces C^d of C^n. $G_{n,d}$ is in a natural way a non singular projective variety ([20]).

Consider in the product $G_{n,d} \times C^d$ the set $E = \{(g,x), x \in g\}$. Let $\pi : G_{n,d} \times C^d \rightarrow G_{n,d}$ be the projection, and $\pi' = \pi | E$. Then for all $g \in G_{n,d}$ $(\pi')^{-1}(g)$ is a d-dimensional complex vector space. It is easy to verify that in this way E is the bundle space of a d-vector bundle on $G_{n,d}$, which is called the universal bundle, to be denoted by $\omega_{n,d}$ (more precisely, it is called the universal subbundle, because it is in a natural way a subbundle of the product bundle $G_{n,d} \times C^d$; the corresponding quotient bundle then is called the universal quotient bundle). In the case that d = 1, $G_{n,d} = P_{n-1}$ is the projective space of dimension n-1, and $\omega_{n,1}$ is called the Hopf bundle on P_{n-1}. The following result explains the name "universal bundle".

Proposition 2.1. Let ξ be a complex d-vector bundle on the compact

Hausdorff space X. Then there exists a continuous map $f: X \to G_{n,d}$, for suitable n, such that $f^{-1}(\omega_{n,d}) = \xi$.

Proof. Let $\{U_i\}$, $i = 1,\dots,k$ be an open covering of X, such that for all i the restriction $\xi | U_i$ is trivial, and let $\{f_i\}$ be a partition of unity, associated to $\{U_i\}$. If $S_1^{(i)},\dots,S_d^{(i)}$ are sections of $\xi | U_i$, generating the fibre at each point, then $f_i S_1^{(i)},\dots,$ $f_i S_d^{(i)}$, $i = 1,\dots,k$ are dk global sections of ξ, generating the fibre at each point of X. Let V be the $p = kd$ - dimensional complex vector space of lineair combinations of $S_j^{(i)}$, and let V be provided with an hermitian metric. Then we define a continuous map $f; X \to G_{p,d}$, by setting: f(x) is the orthogonal complement of the subspace of all elements of V, vanishing at x. Since there is an obvious bundle map from ξ to $\omega_{p,d}$, inducing $f: X \to G_{n,d}$, we have : $f^{-1}(\omega_{p,d}) = \xi$.

Since there is a canonical embedding of $G_{n,d}$ in $G_{n+1,d}$, such that the restriction of $\omega_{n+1,d}$ to $G_{n,d}$ is $\omega_{n,d}$, we can define a limit space G_d (in which a set is taken to be closed, if and only if its intersection with all $G_{n,d}$ is closed) and a "limit bundle" ω_d. Now the following generalisation of Proposition 2.1 is true ([14]).

Theorem 2.2. Let X be a compact Hausdorff space. If one attaches to any continuous map $f: X \to G_d$ the bundle $f^{-1}(\omega_d)$, then this gives a 1 - 1 correspondence between the homotopy classes of maps of X into G_d, and the complex vector bundles on X.

As a consequence one can attach to any d-vector bundle ξ on X homological invariants, namely $f^*(H^*(G_d)) \subset H^*(X)$ (any cohomology), where f is a map from X into G_d, such that $f^{-1}(\omega_d) = \xi$. It turns out, that $H^*(G_d, Z)$ is generated (as an algebra) by elements $c_i \in H^{2i}(G_d, Z)$, $i = 0,\dots,d$. If ξ and f are as before, then $f^*(c_i)$ is called the i-th Chern class of ξ. In the next section we study these classes from a different point of view.

3. Chern classes.

Let $P_{n-1} \subset P_n$ be a hyperplane in P_n. Provided with its natural orientation, P_{n-1} determines a generator of $H_{2n-2}(P_n, Z)$ The dual generator (with respect to the natural orientation of P_n) of $H^2(P_n, Z)$ will be denoted by h_n.

Let $\mathcal{C}$ be the category of compact Hausdorff spaces (and continuous maps).

Theorem 3.1. To each complex d-vector bundle ξ on $X \in \mathcal{C}$ there can be attached d+1 cohomology classes $c_i(\xi) \in H^{2i}(X, Z)$, $i = 0, \ldots, d$, $c_o(\xi) = 1 \in H^*(X, Z)$, such that

1) $c_1(\omega_{n,1}) = h_{n-1}$;

2) If $Y \in \mathcal{C}$, $f: Y \to X$ continuous, then

$$c_i(f^{-1}(\xi)) = f^*(c_i(\xi)), \quad i = 0, \ldots, d ;$$

3) if we set $1 + c_1(\xi) + \ldots + c_d(\xi) = c(\xi) \in H^*(X, Z)$, then for each pair of bundles ξ, η on X one has $c(\xi \oplus \eta) = c(\xi)\, c(\eta)$.

$c_i(\xi)$ is called the i-th Chern class of ξ. Property 2) is called naturality, and property 3) Whitney duality.

Remark. In fact, Chern classes can be defined also for bundles on more general classes of spaces, see for example [7] p. 57 and [14].

Proof of Theorem 3.1. Using some general fact about the cohomology of limit spaces, and the fact that $i_m^*: H^*(P_{n+1}, Z) \to H^*(P_n, Z)$, induced by the canonical embedding $i_m: P_n \to P_{n+1}$, is an isomorphism in dimensions $\leq 2n$, it is not difficult to verify that $H^*(G_1, Z)$ is the polynomial algebra in one generator h, with $j_*^*(h) = h_n$ for the embedding $j_* : P_n \rightarrow G_1$. Then we define $c_1(\omega_{n,1}) = h_{n-1}$, and define $c_1(\xi)$ for the case that ξ is a 1-vector bundle by applying Theorem 2.2. Property 2 is now obvious for 1-bundles.

Nex, let ξ be a d-bundle with $d \geq 2$, B the bundle space of the bundle, associated to ξ, with fibre P_{n-1}, $\pi : B \longrightarrow X$ the bundle projection. $\pi^{-1}(\xi)$ has a canonical 1-subbundle α, for a point $b \in B$ corresponds with a 1-dimensional lineair subspace of the fibre of ξ at $\pi(b)$, corresponding on its turn with such a subspace of the fibre of $\pi^{-1}(\xi)$ at b.

We set $c_1(\alpha) = -\omega_\xi$, and write $\omega_\xi = \omega$ if there is no danger of confusion.

It can be proved by a spectral sequence argument ([10], lemma 11) that each element $e \in H^k(B, Z)$ can be written in a unique way as

$$e = \pi^*(a_1)\,\omega^{d-1} + \ldots + \pi^*(a_d) ,$$

with $a_i \in H^{2i-2d+k}(X, Z)$ if $2i-2d+k \geq 0$, otherwise $a_i = 0$.
In particular, π^* is injective.

Consequently, there exist uniquely determined elements $c_i \in H^{2i}(X, Z)$, such that

$$\omega^d + \pi^*(c_1)\,\omega^{d-1} + \ldots + \pi^*(c_d) = 0$$

We now <u>define</u> $c_i(\xi)$ to be the c_i in this expression $(1 \leq i \leq d)$.

Naturality is easily verified. In fact, let B' be the bundle space of the associated P_{n-1} - bundle of $\xi' = f^{-1}(\xi)$, and π' the bundle projection of this bundle. There is a map $g: B' \to B$, such that $\pi \circ g = f \circ \pi'$. By naturality for line bundles (another name for 1-vector bundles) we have $g^*(\omega_\xi) = \omega_{\xi'}$, hence

$$\omega_{\xi'}^d + g^*\pi^*(c_1(\xi))\omega_{\xi'}^{d-1} + \ldots + g^*\pi^*(c_d(\xi)) = 0$$

Or

$$\omega_{\xi'_1}^d + (\pi')^* f^*(c_1(\xi))\omega_1^{d-1} + \ldots + (\pi')^* f^*(c_d(\xi)) = 0 .$$

From this, and the injectivity of $(\pi')^*$ we find

$$f^*(c_i(\xi)) = c_i(\xi'), \quad i = 0, \ldots, d .$$

To prove the whitney duality, we first make the following observation. Given a vector bundle ξ on the compact space X, it is possible to introduce a hermitian metric on each fibre, such that these metrics depend continuously on the base point. This can be proved using partitions of unity, in a way similar to their use in the proof of Proposition 2.1.

Therefore, if ξ has a subbundle η, we can identify the quotient bundle η' with another subbundle of ξ, the fibre of which at $x \in X$ is the orthogonal complement of the fibre of η in the fibre of ξ at x. It follows that ξ is isomorphic to $\eta \oplus \eta'$. Thus, in our case, $\pi^{-1}(\xi)$ is isomorphic to the direct sum of α and a (d-1) bundle β. Applying the proces again to β, we obtain a space C, and a map $\sigma: C \to X$, such that $(\sigma^{-1})(\xi)$ is the direct sum of two line bundles and a (d-2) bundle. Going on this way we see that, given a vector bundle ξ on X we can find a compact space Y, and a map $\varrho : Y \to X$, such that $\varrho^{-1}(\xi)$ is the direct sum of line bundles, and ϱ^* is injective. Consequently we have to prove the Whitney duality only for two bundles, which are the sum of line bundles, and to prove this, it is sufficient to show that, if $\xi = \xi_1 \oplus \ldots \oplus \xi_d$, with each ξ_i a line bundle, that

$c(\xi) = \prod_{i=1}^{d} (1 + c_1(\xi_i))$. Let B_i be the subspace of B_i formed by all lines in the fibres of ξ, that lie in $\xi_1 \oplus \ldots \oplus \xi_{i-1} \oplus \xi_{i+1} \ldots \oplus \xi_d$. We claim : there is a continuous section s_i of $\pi^{-1}(\xi_i) \otimes \alpha^*$ vanishing exactly at B_i. In fact, let $b \in B$, v any vector in the fibre α_b of α at b, $v \neq 0$, w the projection of v onto $\pi^{-1}(\xi_i)_b$, γ the element of $\mathrm{Hom}_{\mathbb{C}}(\alpha_b, \mathbb{C})$, which has value 1 at v. $w \otimes \gamma \in (\pi^{-1}(\xi_i) \otimes \alpha^*)_b$ is independant of v, and this fact allows us to define s_i by $s_i(b) = w \otimes \gamma$.

Now let T_i be a small open tubular neighbourhood of B_i in B(with respect to a metric along the fibres of B). We have an exact sequence

$$\ldots \longrightarrow H_c^2(T_i, Z) \longrightarrow H^2(B, Z) \xrightarrow{\beta} H^2(B - T_i, Z) \longrightarrow \ldots,$$

where $H_c^2(T_i, Z)$ stands for the cohomology with compact supports. $\pi^{-1}(\xi_i) \otimes \alpha^*$ has a nowhere vanishing section on $B - T_i$, hence $\pi^{-1}(\xi_i) \otimes \alpha^*$ restricted to $B - T_i$ is trivial, hence $\beta\big((c_1(\pi^{-1}(\xi_i) \otimes \alpha^*)\big) = 0$, i.e. $c_1(\pi^{-1}(\xi_i) \otimes \alpha^*)$ can be represented by a cocycle with support in T_i. Since $\prod_{i=1}^{d} T_i = \emptyset$ if we choose the T_i's small enough, we have

$$\prod_{i=1}^{d} (\omega + \pi^*(c_1(\xi_i)) = 0$$

i.e. the desired result, provided, that we show

Proposition 3.2. For each pair of line bundles ξ_1, ξ_2 on X, we have $c_1(\xi_1 \otimes \xi_2) = c_1(\xi_1) + c_1(\xi_2)$.

Proof. Let $f_1 : X \to P_n$, $f_2 : X \to P_m$ be maps, such that $f_1^{-1}(\omega_{n+1,1}) = \xi_1$, $f_2^{-1}(\omega_{m+1,1}) = \xi_2$. Let $(x_0, \dots, x_n)$, $(y_0, \dots, y_m)$ be homogeneous coordinates in P_n and P_m respectively, and let $\pi_1 : P_n \times P_m \to P_n$, $\pi_2 : P_n \times P_m \to P_m$ be the projections. The Segre embedding $i : P_n \times P_m \to P_N$, $N = (n+1)(m+1) - 1$, is given by $z_{ij} = x_i y_j$, $i = 0, \dots, n$, $j = 0, \dots, m$, where (z_{ij}) is a system of homogeneous coordinates in P_N. Since $i^{-1}(\omega_{N+1,1}) = (\pi_1)^{-1}(\omega_{n+1,1}) \otimes (\pi_2)^{-1}(\omega_{m+1,1})$, it is sufficient to prove that $i^*(h_N) = \pi_1^*(h_n) + \pi_2^*(h_m)$. From the Künneth formula it follows that $i^*(h_N) = A\, \pi_1^*(h_n) + B\, \pi_2^*(h_m)$, with $A; B \in Z$. However, since $P_n \times p$ and $q \times P_m$ are lineair subspaces of P_N, we find by restriction of $i^*(h_N)$ to these fibres, that $A = B = 1$.

The principle, that given a vector bundle ξ on X, there is Y, and a map $f : Y \to X$, such that

(i) $f^* : H^*(X, Z) \to H^*(Y, Z)$ is injective ;

(ii) $f^{-1}(\xi)$ is a direct sum of line bundles ,

is called the splitting principle . It makes it possible to calculate the Chern classes of tensor products, exterior products, etc. For example. the Chern classes of the conjugate bundle $\bar{\xi}$ of ξ are given by

$$c_i(\bar{\xi}) = (-1)^i c_i(\xi).$$

Namely , by the splitting principle, it is sufficient to prove this for line bundles. But there it is a consequence of Proposition 3 2, for introduction of a hermitian metric along the fibres shows that conjugate and dual bundle are isomorphic.

Proposition 3.3 Let V be a compact, oriented, 2d-dimensional differentiable manifold, ξ a d-vector bundle on V. Suppose, ξ has a section with isolated, simple zeros only. If these are $x_1, \ldots, x_p$, with index $i(x_i), \ldots, i(x_p)$ $(= \pm 1)$, then $c_d(\xi)[V] = \sum_{k=1}^{p} i(x_k)$.

Proof. Let τ be the trivial line bundle on V. Then the P_d - bundle, associated to $\xi \oplus \tau$ can be identified with the P_d-bundle, obtained from ξ by means of the canonical embedding $GL(d, C) \to PGL(d+1, C)$. The bundle space B can be obtained from that of ξ, by closing each fibre with the P_{d-1} at infinity. Let A be the union of these P_{d-1}, and let $\pi : B \to X$ be the bundle projection. Furthermore, let α be the canonical 1-subbundle of $\pi^{-1}(\xi \oplus \tau)$, and $\omega = -c_1(\alpha)$. Since $c_i(\xi \oplus \tau) = c_i(\ )$, $i = 0, \ldots, d$, $c_{d+1}(\xi \oplus \tau) = 0$, we have

$$\omega^{d+1} + \pi^*(c_1(\xi))\,\omega^d + \ldots + \pi^*(c_d(\xi))\,\omega = 0 .$$

In the same way as in the proof of Theorem 3.1 we find that α^* has a section, vanishing exactly at A. Consequently, u can be represented by a cocycle with support in a small tube around A. Therefore, the cupproduct of ω and the element e of $H^{2d}(B, Z)$ dual to the zero section of ξ, vanishes. e can be written in a unique way as

$$e = \pi^*(a_o)\,\omega^d + \ldots + \pi^*(a_d\ ),$$

with $a_i \in H^{2i}(V, Z)$. Restriction to a fibre gives $a_o = 1$. Since $\omega(\pi^*(a_o)\,\omega^d + \ldots + \pi^*(a_d)) = 0$, $a_i = c_i(\xi)$ for $1 \leq i \leq d$. Let $s : X \to B$ the section of the proposition. Since $s^*(\omega) = 0$, $s^*\pi^* =$ identity, we find by Proposition 0.3 $c_d(\xi)[V] = s(e)[V] = \sum_{k=1}^{p} i(x_k)$.

By a famous theorem of H. Hopf, stating that the sum of the

indices of the zeros of a continuous field of tangent vectors with isolated zeros only on a compact, orientable differentiable manifold V equals the Euler characteristic χ (V) of V ([18] , p. 201) , we find

<u>Corollary 3.4.</u> If the compact, oriented differentiable manifold V^{2d} admits an almost complex structure (i;c. a complex structure on its tangent bundle) then $c_d(\theta\, v)[V] = \chi(V)$.

Once the Chern classes of complex vector bundles are available, it is easy to define the Pontrjagin classes for real vector bundles, and prove some of there properties.

A <u>real</u> d-vector bundle α on X defines by the embedding $GL(n,R) \rightarrow GL(n,\mathbb{C})$ a complex d-vector bundle on X, the complexification α_c of α. α_c can also be defined by introducing on a complex structure, namely by setting in each fibre $i(x,y) = (-y,x)$. Then the conjugate bundle $\bar{\alpha}_c$ is obtained in a similar way, however now by setting $i(x,y) = (y,-x)$. Then the map f, defined by $f(p,x,y) = (p,x,-y)$, $p \in X$, $x, y \in \alpha_p$, gives an isomorphism from α_c onto $\bar{\alpha}_c$. Consequently, $c(\alpha_c) = c(\bar{\alpha}_c)$, or $1 + c_1(\alpha_c) + \dots =$ $= 1 - c_1(\alpha_c) + c_2(\alpha_c) - \dots$, hence $2\, c_{2i+1}(\alpha_c) = 0$.

Then we define the Pontrjagin classes $p_i(\alpha) \in H^{4i}(X,Z)$ of the original real bundle α by

$$p_i(\alpha) = (-1)^i c_{2i}(\alpha_c), \qquad i = 0, \dots \left[\tfrac{1}{4} d\right].$$

Setting $p(\alpha) = \sum_{i=0}^{[\frac{1}{4}d]} p_i(\alpha)$, we obtain from the Whitney duality formula for Chern classes, a duality formula for Pontrjagin classes :

$$p(\alpha \oplus \beta) = p(\alpha) \cdot p(\beta),$$

modulo elements of order 2, in $H^*(X,Z)$.

Now let ξ be a complex d-vector bundle on X. By the embedding $GL(d, \mathbb{C}) \rightarrow GL(2d, R)$ ξ defines a real **2d**-vector bundle on X, to be denoted by ξ_R. In other words, ξ_R is obtained from ξ by ignoring the complex structure.

Proposition 3.5. $p_i(\xi_R) = (-1)^i \sum_{j+k=2i} (-1)^j c_j(\xi) c_k(\xi)$

Proof . It is sufficient, to prove that there is an isomorphism of complex vector bundles

$$\xi_{RC} \cong \xi \oplus \bar{\xi} .$$

For then we have, by the Whitney duality

$$1 + c_1(\xi_{RC}) + c_2(\xi_{RC}) + \ \dots \ = (1 + c_1(\xi) + \dots)(1 - c_1(\xi) + \dots) ,$$

i.e.

$$c_2(\xi_{RC}) = 2c_2(\xi) - c_1^2(\xi) ,$$

or

$$p_1(\xi_{RC}) = c_1^2(\xi) - 2c_2(\xi), \text{ etc} .$$

To prove the forementionned isomorphism , we recall that ξ_{RC} is nothing but $\xi_R \oplus \xi_R$, with the complex structure in each fibre defined by $J(x, y) = (-y, x)$. Consider in each fibre the subspace of all elements $(x, -ix)$, and that of all elements (x, ix), where i is taken with respect to the complex structure of ξ. Both subspaces are J-invariant. Hence ξ_{RC} is , as a complex bundle the direct sum of two subbundles. It is verified immediately, that they are isomorphic to ξ and $\bar{\xi}$ respectively.

4. Almost complex manifolds.

An almost complex structure on the real 2d dimensional differentiable manifold V^{2d} is defined as a complex structure on its tangent bundle.

Obviously a complex structure on V determines an almost complex structure on V, but the converse is by no means true.

In many cases one can show by topological methods that a differentiable manifold does not admit almost complex structures, thus answering the question of the existence of complex structures to the negative . To illustrate how the theory of characteristic classes is used here, we show part of

Theorem 4.1 For $n \neq 1, 3$ S^{2n} does not admit an almost complex structure.

We shall show this for $n = 2k$. By taking the standard embedding of S^i in R^{i+1} , and restricting the tangent bundle of R^{i+1} to S^i, we find

$$\theta_{S^i} \oplus \tau_1 = \tau_{i+1}$$

Here θ_{S^i} is the (real) tangent bundle of S^i, and τ_j the trivial (real) j - vector bundle on S^i .

By the duality formula for the Pontrjagin classes, we find $p_k(S^i) = 0$ for $k = 1, 2, \ldots$ On the other hand , if $\theta_{S^{4k}}$ would admit a complex structure , we would have by Corollary 3.4 :

$$c_{2k}(S^{4k}) \left[S^{4k}\right] = \chi(S^{4k}) = 2 \ .$$

But then we would get a contradiction, for it follows from proposition 3.5, that, if $\theta_{S^{4k}}$ admits a complex structure, then

$$p_k(S^{4k}) = \pm 2 c_k(S^{4k}) \ .$$

Remark. As to the remaining spheres, S^2 admits a complex structure (that of the Riemann sphere) and S^6 admits almost complex structures. It is not known whether S^6 admits any complex structure.

As a second example, we mention the following result of C. Ehresmann and Wu W.T.

Theorem 4.2 . On the compact oriented, differentiable 4-manifold V^4 exists an almost complex structure with Chern class $c_1 \in H^2(V, Z)$, if and only if

(i) $c_1 = w_2 \pmod 2$;

(ii) $p_1(V^4) = c_1^2 - 2e$,

where $w_2 \in H^2(V^4, Z_2)$ is the second Stiefel Whitney class, and $e \in H^4(V^4, Z)$ the Euler class of V.

The necessity of the conditions is clear from the results of the preceding sections; for the proof, that they are also sufficient, we refer to [22].

Given an almost complex structure A on V^{2n}, a necessary and sufficient condition is known for A to be the underlying structure of a complex structure on V^{2n}. To explain this condition, let us suppose for a moment that V^{2n} admits a complex structure. For any open set $U \subset V$ we then can speak of (C^∞- differentiable) exterior forms of type (p, q), i.e. forms, which in local coordinates $(z_1, \ldots, z_n)$ can be written as

$$\omega = \sum_{\substack{1 \leq i_1 < \ldots < i_p \leq n \\ 1 \leq j_1 < \ldots j_q \leq n}} a_{i1 \ldots ip\, j1 \ldots jq}\, dz_{i1} \wedge \ldots \wedge dz_{ip} \wedge d\bar{z}_{j1} \wedge \ldots \wedge d\bar{z}_{jq}$$

Clearly, $d\omega$ is the sum of a form of type (p+1, q) and a form of type (p, q + 1) .

If V^{2n} is provided only with an almost complex structure, we can again speak of complex exterior forms of type (p, q) on an open set $U \subset V$. for we have a covariant complex tangent bundle θ^* of V, and we can define these (p, q) forms as differentiable sections of $\Lambda^p \theta^* \otimes \Lambda^q \bar{\theta}^*$ on U. The d-operator is again defined, but $d\omega$ is in general <u>not</u> a sum of a form of type (p+1, q) and one of type (p, q+1).

An almost complex structure on V is called <u>integrable</u>, if for any complex (p, q) form on an open set $U \subset V$, $d\omega = \omega_1 + \omega_2$, with ω_1 of type (p+1, q) and ω_2 of type (p, q+1).

<u>Theorem 4.3.</u> An almost complex structure A on a differentiable manifold V^{2n} is the underlying structure of a complex structure on V if and only if A is integrable.

This theorem was proved for the case that V and A are real analytic, by B. Eckmann and A. Froelicher ([4]), p. 61) and for the differentiable case by A. Newlander and L. Nirenberg ([15]).

<u>Remarks</u>. 1) An integrable almost complex structure is in fact the underlying structure of exactly one complex structure.

2) In theorem 4.3, it would have been sufficient to consider forms of type (1, 0) only.

3) Using the Cayley numbers it is possible to construct an almost complex structure on S^6. Theorem 4.3 shows that this structure is <u>not</u> derived from a complex structure on S^6 ([4]), p. 61).

If we look at almost complex structures as differentiable sections in a fibre bundle, it is clear that once there is an almost complex structure on V^{2n}, there is an infinity of such structures on V^{2n}. Even if a specific structure is not integrable, a priori it is possible that there is always a homotopic one, which is, Until recently, no example was known of a compact oriented, differentiable manifold V^{2n}, admitting almost complex, but no complex structures.

We shall show in the sequel how (at least in real dimension 4) such examples can be obtained using the Atiyah Singer index theorem.

Let V_i^m, i = 1, 2,. be connected, oriented m - dimensional differentiable manifolds, $U_i \subset V_i^m$ a coordinate neighbourhood, $(x_1^{(i)}, \ldots, x_m^{(i)})$ coordinates in U_i, and S_i^{m-1} the unit sphere $\sum_{j=1}^{m} (x_j^{(i)})^2 = 1$, with the orientation induced by that of V_i^m. Furthermore, let f: $S_1^{m-1} \to S_2^{m-1}$ be an orientation reversing diffeomorphism. Then, if we identify $x \in S_1^{m-1}$ with $f(x) \in S_2^{m-1}$, the union of V_1^m — (interior of S_1^{m-1}) and V_2^m - (interior of S_2^{m-1}), is a new, connected, oriented m-dimensional differentiable manifold, known as a connected sum of V_1^m and V_2^m. If f is chosen sufficiently nice, i.e. extendable to neighbourhoods of S_i^{m-1} in U_i, then such a connected sum is, up to a diffeomorphism, independant of the choices of U_i and $(x_j^{(i)})$, hence it is possible, to speak of the connected sum of V_1^m and V_2^m, to be denoted by $V_1^m + V_2^m$. It turns out, that taking the connected sum is an associative operation. For more details see [13].

Now we can state the result we announced before.

Theorem 4.4.. Let P be the naturally oriented underlying differentiable manifold of the complex projective plane. Then $V = S^1 \times S^3 + S^1 \times S^3 + P$ admits almost complex structures, but no complex structure.

For a connected sum $V^4 = V_1^4 + V_2^4$ the following facts can be proved :

(i) $$\chi(V^4) = \chi(V_1^4) + \chi(V_2^4) - 2$$

This follows immediately from the exact cohomology sequence of the pair (V, S_1^{m-1}).

(ii) There is a natural isomorphism

$$\varphi : H^2(V_1, Z) \oplus H^2(V_2, Z) \xrightarrow{\sim} H^2(V, Z),$$

preserving the cupproducts on the lattices involved. Similarly, there is such an isomorphism for Z_2 - coefficients, mapping $w_2(V_1) + w_2(V_2)$ onto $w_2(V)$.

(iii) $p_1(V)[V] = p_1(V_1)[V_1] + p_1(V_2)[V_2]$.

This can be seen directly, using the definition of the Pontrjagin classes, and Proposition 3.3. It also follows from Hirzebruchs index theorem ([7], Theorem 8.2.2), since it is a consequence of (ii), that the index of V equals the sum of the indices of V_1 and V_2.

Applying all this information to the case $V = S^1 \times S^3 + S^1 \times S^3 + P$, we derive from Theorem 4.2 that V admits almost complex structures with $c_1 = \pm g$, and no others. Here g is a generator of $H^2(V, Z) \xrightarrow{\sim} H^2(P, Z)$ by (ii), $g^2 = +1$.

We now sketch a proof for the fact that V admits no complex structure. The essential point is the application of the following theorem of K. Kodaira ([12], Theorem 9).

<u>Theorem 4.5.</u> If for the compact, connected 2 dimensional complex manifolds V $c_1^2(V)$ is strictly positive, then V is projective algebraic.

Since for any complex structure on V $c_1^2(V) = 1$, we have only to show that V has no projective structure. This follows from the properties of the Albanese torus of a projective manifold W.

Let $\omega_1, \ldots \omega_n$ be a base for the complex vector space of holomorphic 1-forms on W. It is known ([21]) that $\omega_1, \ldots, \omega_n$ are closed, and that by the de Rham isomorphism, $\omega_1, \ldots, \omega_n, \overline{\omega}_1, \ldots, \overline{\omega}_n$ form a base for $H^1(W;C)$. Let $H_1(W,Z)$ be the first homology group of W modulo torsion, and $h_1, \ldots, h_{2n}$ a base for $H_1(W,Z)$. If $p \in W$ is fixed, then for any $x \in W$ the vector

$$\left(\int_p^x \omega_1, \ldots, \int_p^x \omega_n \right) \in \mathbb{C}^n$$

is determined, independant from the path from p to x, but for an element of the lattice D in $\mathbb{C}^n$, generated by $v_1, \ldots v_{2n}$, where

$$v_i = \left(\int_{h_i} \omega_1, \ldots, \int_{h_i} \omega_n \right), \quad \text{for } i = 1, \ldots, 2n .$$

$v_1, \ldots, v_{2n}$ are independant as real vectors in $\mathbb{R}^{2n}$, for the 2n real forms $\omega_j + \overline{\omega}_j$, $\sqrt{-1}\,(\omega_j - \overline{\omega}_j)$, $j = 1, \ldots, n$ form a base for $H^1(W,R)$. Hence there exists a holomorphic map $\alpha : W \longrightarrow A_W$, where A_W is the complex torus C^n/D (It turns out, that A_W does not depend on the choice of the bases involved, and that α is determined up to a translation of A_W). If $\dim A_W > 0$, that is, if $b_1(W) \neq 0$, is clearly not a constant map. In our case, $b_1(V) = 2$, hence, if V would have a projective structure, $\dim A_y$ would be 1. Since α is not a constant map, it follows from the general fact that a proper holomorphic map maps analytic sets into analytic sets, that α is surjective. Finally, it is really easy to see that, but for a finite number of points $a_1, \ldots, a_k \in Av$, $\alpha^{-1}(a)$ is a non singular 1-dimensional complex submanifold of V. Its homology class $h \in H_2(V,Z)$ is independant of a, hence $h^2 = 0$. Since $H_2(V,Z) \simeq Z$, $h = 0$. However, as observed in section 1, this is not possible.

We finish with a short description of the proof of Theorem 4.5. This proof depends on the Riemann Roch formula for compact, complex manifolds. At present, no general proof is known for this formula, which does not use the index theorem of M.F. Atiyah and I. Singer.

Let X be an n-dimensional compact, complex manifold, and ξ a holomorphic vector bundle on X. Let $H^i(X, \xi)$ be the i-th cohomology group of X with coefficients in the presheaf, which attaches to each open subset $U \subset X$ the complex vector space of holomorphic sections of ξ over U. It is known, that the $H^i(X, \xi)$ are finite dimensional complex vector spaces, and that $H^i(X, \xi) = 0$ for $i > n$. Now the Riemann Roch formula asserts that the Euler characteristic $\chi(X, \xi) = \sum_{i=0}^{n} (-1)^i \dim H^i(X, \xi)$ equals the value of a certain element $e \in H^{2n}(X, Q)$ on $[X]$. e is a polynomial in the Chern classes of ξ and those of X. For $n = 2$ and $\dim \xi = 1$ the formula reads ([7], p. 154 and p. 190)

$$\chi(X, \xi) = \frac{1}{2} c_1(\xi) \left[c_1(\xi) + c_1(X) \right] + \frac{1}{12}(c_1^2(X) + c_2(X)) [X]$$

Next, we need a special case of the duality theorem of J.P. Serre ([16]). If $K = \bigwedge^n \theta_x^*$, this theorem says that there is a natural isomorphism between $H^i(X, \xi)$ and $H^{n-i}(X, K \otimes \xi^*)$, for $i = 0, 1, \ldots, n$. Combining this fact with the Riemann Roch formula for $n = 2$ and $\xi = K_n = K \otimes \ldots \otimes K$ (n times), we get

$$\dim H^0(X, K_n) + \dim H^0(X, K^*_{n-1}) \geq \frac{1}{2}(n^2 - n) c_1^2(X) + \text{constant}.$$

Hence, if $c_1^2(X) > 0$, either $\dim H^0(X, K_n)$ or $\dim H^0(X, K^*_{n-1})$ is at least $\frac{1}{8} n^2$ for n large.

A meromorphic function on a complex manifold X can be given by an open covering U_i of X, and for each U_i a quotient $\frac{f_i}{g_i}$, with f_i and g_i holomorphic in U_i $g_i \not\equiv 0$, such that in each intersection

$U_i \cap U_j$ the obvious compatability conditions are satisfied . After introducing a suitable equivalence of such systems, a meromorphic function can be defined as an equivalence class. The meromorphic functions on a connected complex manifold X form a field K(X) , containing $\mathbb{C}$ as the subfield of constant functions. In the case that X is compact, of dimension n, the transcendence degree of K(X) over $\mathbb{C}$ is at most n ([17]) . If X is algebraic , it is actually n , as is easy to show. W.L. Chow and Kodaira have proved ([11] , p. 125) . that for n = 2 the converse is true : a compact, connected complex 2-manifold with two independant meromorphic functions is projective algebraic (This is no longer true for $n \geqslant 3$) .

If ξ is a holomorphic 1 - vector bundle on the connected complex manifold X , and s_1, s_2 is a pair of holomorphic sections of ξ, s_2 not identically zero, then the quotient $\frac{s_1}{s_2}$ is a meromorphic function on X in an obvious way . We have seen, that if dim X =2 , and $c_1^2(X) > 0$, then either dim $H^o(X, K_n)$ or dim $H^o(X, K^*_{n-1})$ is at least $\frac{1}{8}n^2$ for n large. This means, that there are many meromorphic functions on X . A not too difficult analysis shows, that there have to be two independant ones. Then , application of the theorem of Chow and Kodaira completes the proof of Theorem 4.5 .

REFERENCES

1. M.F Atiyah and I.M. Singer. The index of elliptic operators on compact manifolds. Bull. Ann. Math. Soc. 69, 422- 433 (1963) .

2. R. Bott. Lectures on K-theory. Lecture notes Harvard, 1962.

3. S.S. Chern . The geometry of G-structures. Bull .Am. Math. Soc. 72, 167 -219 (1966) .

4. A Froelicher. Zur Differentialgeometrie der komplexen Strukturen . Math. Ann. 129, 50-95 (1955)

5. R. Godement. Topologie algébrique et théorie des faisceaux. Act . Sci Ind. 1252 . Paris, Hermann, 1958 .

6. A. Grothendieck. La théorie des classes de Chern . Bull Soc. Math. France, 86, 137-154 (1958).

7. F. Hirzebruch . Topological methods in algebraic geometry. Grundl. Math. Wissensch . 131, Berlin - Heidelberg - New York, 1966.

8. H.Hopf. Zur Algebra der Abbildungen von Mannigfaltigkeiten . I. Reine Angew. Math. 163, 71- 88 (1930) .

9 H. Hopf. Zur Topologie der komplexen Mannigfaltigkeiten . Studies and Essays presented to R. Courant, 167-185 . New York, 1948 .

10. M. Kervaire. Relative characteristic classes. Ann. J. Math. 79, 517-558 (1957) .

11. K. Kodaira . On analytic surfaces I. Ann. Math. 71, 111-152 (1960) .

12. K. Kodaira . On the structure of compact complex analytic surfaces I. Am . J . Math 86 , 751 - 798 (1964)

13. J. Milnor. Sommes des variétés différentiables et structures différentiables des sphères . Bull. Soc. Math. France, 87, 439-444 (1959).

14. J. Milnor .Lectures on characteristic classes. Notes by J. Stasheff. Princeton, Air Research Command contract AF 18 (600) 1494 .

15. A. Newlander and L. Nirenberg. Complex analytic coordinates in almost complex manifolds. Ann. Math. 65 , 391-404 (1957) .

16. J.P. Serre. Un théorème de dualité . Comment. Math. Helv.29 9-26 (1955).

17. C.L. Siegel. Meromorphe Funktionen auf kompakten analytischen. Mannigfaltigkeiten. Nachr . Akad. Wiss. Göttingen 1955 , 71-77.

18. N. Steenrod. The topology of fibre bundles. Princeton Math. Series 14. , Princeton, 1951 .

19. A. Van de Ven . On the Chern numbers of certain complex and almost complex manifolds. Proc. Nat. Ac. Sc. U.S.A. 55, 1624-1627 (1966) .

20 . B.L. van der Waerden . Einführung in die algebraische Geometrie . Grundl . Math . Wissens chaften 51, Berlin, Springer, 1939.

21. A. Weil . Variétés kählériennes. Act. Sci. ind. 1267, Paris , Hermann , 1958 .

22. Wu Wen Tsun. Sur les classes charactéristiques des structures sphériques . Act. Sci . ind. 1183 , Paris, Hermann, 1952 .

23. X.X.X. Am J. Math.78, 898 (1956) .

Stampa: Editoriale Grafica - Roma - Tel. 5890154